江苏海岸线资源调查评估与空间管控

段学军　杨清可　金志丰　著

科 学 出 版 社

北 京

内 容 简 介

　　海岸线资源调查评估与空间管控研究是当前国土资源管理工作的重要课题。本书详细介绍江苏沿海地区土地利用特征状况,分析海岸线生态安全与开发利用问题,总结海岸线资源调查与评估方法,开展江苏省海岸线资源开发利用与综合评价、生态安全格局构建与岸线空间管控分区、滩涂资源状况与生态风险评估、土地生态调查与质量评估等工作,提出海岸线资源管理经验及对策建议。

　　本书可供政府管理和决策部门在工作实践中使用,也可供经济地理学、土地资源管理与资源环境学等领域的研究人员和高等院校师生参考阅读。

审图号:苏 S（2021）015 号

图书在版编目（CIP）数据

　　江苏海岸线资源调查评估与空间管控 / 段学军,杨清可,金志丰著.
—北京:科学出版社,2021.12
　　（岸线资源调查与评价丛书）
　　ISBN 978-7-03-069593-2

　　Ⅰ. ①江… Ⅱ. ①段… ②杨… ③金… Ⅲ. ①海岸线－资源利用－空间规划－研究－江苏 Ⅳ. ①P737.11

　　中国版本图书馆 CIP 数据核字（2021）第 166961 号

责任编辑:周　丹　沈　旭　石宏杰 / 责任校对:杨聪敏
责任印制:师艳茹 / 封面设计:许　瑞

科 学 出 版 社 出版
北京东黄城根北街 16 号
邮政编码:100717
http://www.sciencep.com

北京九天鸿程印刷有限责任公司印刷
科学出版社发行　各地新华书店经销
*
2021 年 12 月第 一 版　开本:720×1000　1/16
2021 年 12 月第一次印刷　印张:13
字数:263 000
定价:159.00 元
（如有印装质量问题,我社负责调换）

前　言

　　作为不可再生的战略性资源，海岸线资源是指一定范围水域和陆域空间的水土结合的国土资源，其利用涉及水运、道路、港口、产业、城市和生物、湿地、环境等多方面。海岸线处于水陆交界区域，生物多样性丰富，生态地位重要。同时，生产生活和交通运输条件便利的部分沿岸区域，人口和产业大量集聚，成为港口、产业及城镇布局的重要载体。海岸线资源作为我国沿海地区发展的重要支撑资源与重点开发对象，发挥着无可替代的重要生产、生活和生态环境功能。然而，随着沿海地区经济社会的快速发展和海岸线开发强度的不断提高，沿海岸线开发利用与生态环境保护之间的矛盾也日益突出。为促进海岸线资源的合理开发利用，有效保护海岸线资源，迫切需要开展海岸线资源的调查评估和空间管控研究工作。

　　2018 年国家机构改革之后，新成立的自然资源部高度重视海岸线资源可持续利用与生态保护，并以国土空间规划编制为契机，大力推进海岸线资源及生态环境调查评估工作，强化海岸线资源利用的空间管控，促进海岸线资源利用模式向高质量、绿色、生态友好型转变。从调查内容来看，海岸线资源的调查不仅涉及资源"数量"，还包括海岸线资源"质量"和海岸线"生态状况"，这样才能有效促进海岸线资源管理从"数量管理"向"数量管控、质量管理、生态管护"三位一体管理转变。然而，由于各种原因，海岸线资源生态状况调查评估方法、信息大规模快速提取与处理技术、相关的行业标准一直是制约海岸线资源调查与评估工作科学开展的瓶颈，严重阻碍了我国海岸线资源监管模式的转变和监管水平的提升。作为海岸线资源调查与评估工作的重要理论基础和操作规范，海岸线资源调查与评估指标体系与标准是亟待解决的关键技术问题。

　　江苏沿海地区属于我国沿海、沿长江和沿陇海兰新线三大生产力主轴线交会区域，区位优势独特、后备土地资源丰富、战略地位突出、社会经济发展潜力巨大。2009 年 6 月国务院常务会议讨论并原则通过了《江苏沿海地区发展规划》，意味着江苏省沿海地区发展已经被纳入国家级宏观战略目标。该战略的实施不仅是江苏经济发展的重要支撑，也肩负着孕育中国东部经济新增长极的重任。另外，江苏沿海地区作为陆地生态系统和海洋生态系统的交错带，是一个生态相对敏感、脆弱的过渡区，也是自然保护区、生态湿地等分布的密集区，是我国生态与生物多样性保护的重要区域。因此，无论从保障国家的海岸线资源可持续利用、粮食和生态安全、土地节约集约化的发展需求考虑，抑或从江苏沿海地区经济建设和社会发展面临的资源瓶颈与生态压力的实际出发，还是从丰富生态学科的理论与实践角度着眼，开展江苏海岸线资源调查评估与空间管控研究，建立成套的技术标准和规范，可以协同全国其他地区为国家沿海岸线资源利用监测预警提供技术和平台支持，切实提升我国海岸线资源科学利用水平和生态安全保障能力，为构建绿色国土空间格局提供强有力的科技和信息支撑。

　　本书是在多项省市课题的支持下，由段学军总体策划撰写，杨清可和金志丰等参与撰写完成的。在课题研究、实地调研和数据收集过程中，得到了江苏省自然资源厅、江苏省土地勘测规划院，以及连云港、盐城和南通等市自然资源局等有关领导、专家及同行的大力支持、悉心指导和热心帮助，在此一并表示最衷心的感谢。江苏沿海地区社会经济快速发展，海岸线资源开发与保护之间的相关问题突出，特别是海岸线规划利用、沿海地区土地生态红线划定与滩涂生态化管理的研究，涉及的要素众多，机理复杂，无论是在理论上还是在方法上，均需进一步完善和发展。

　　由于作者水平有限，加之时间仓促，书中恐有不妥和疏漏之处，敬请广大读者批评指正。

作　者

2021 年 3 月

目　　录

第1章 绪 论

1.1 研究的背景与意义

海岸线作为江苏沿海地区发展的重要支撑资源与重点开发对象，发挥着不可替代的重要生产、生活和生态环境功能。而随着江苏沿海地区经济社会的快速发展，对海岸线依赖程度不断增强，海岸线生态环境不合理布局和无序开发使得海岸线保护与开发利用之间的矛盾日益突出，迫切需要促进海岸线资源的有效保护、科学利用和依法管理。

从功能方面可将海岸大体分为建设岸段、港口岸段、围垦岸段、渔业岸段、旅游岸段、保护岸段、盐业岸段和其他岸段共 8 类。受经济短期利益的驱动，沿海部分地区海岸开发功能布局存在不合理现象，或者出现海岸开发方式与海洋功能区划的冲突，造成海岸线资源利用的不可持续。随着我国经济的发展，沿海地区人口不断积聚，经济开发活动也日趋频繁，工业化、城市化水平快速提高；同时由于环境保护意识不足和管理措施不到位，沿海地区近年来也出现了水质恶化、渔业产量降低及生物多样性大规模下降等生态问题。发达国家已经过了快速开发阶段，海岸线开发利用对生态环境压力在激烈程度上相对较低，因此国外研究更多偏重自然要素及其演变机理，针对开发利用的海岸线资源评估研究较少。当前阶段，我国的海岸线资源开发利用强度仍将继续增加，无论是在激烈程度上还是在尺度上，在历史和全球范围均属罕见，所面临的问题也更多、更综合、更复杂。构建海岸线资源调查评估方法，结合土地利用程度变化模型、变化区域差异对比模型、数量变化模型等，开展海岸线资源评估、土地资源生态评估、海岸线开发及土地利用变化对生态环境影响及生态安全风险评估等，对促进海岸线资源的合理开发、科学利用具有重要意义。

近年来，随着经济社会的快速发展，土地利用成为人类活动作用于生态系统的重要途径，人类干扰强度持续加大，人地关系日益紧张，土地生态状况备受关注。我国人口多、资源少、生态环境基础脆弱。而江苏沿海地区属于我国沿海、沿长江和沿陇海兰新线三大生产力主轴线交会区域，区位优势独特、后备土地资源丰富、战略地位突出、社会经济发展潜力巨大。

目前生态系统方面的研究成果已很多，如农业生态系统、城市生态系统、生物生态系统、环境生态系统等。但专门或重点研究生态系统中土地生态结构、土地生态功能、土地生态问题等方面的成果还不多，而针对土地生态状况的调查研究就更少。土地生态系统作为自然社会交互的界面，是研究人类活动对自然承载力影响的"细胞"，也是进行土地资源管理和土地利用方式调控的切入点。开展土地生态状况调查与评价，不仅对土地生态学的学科建设具有一定的理论意义和学术价值，而且对协调解决滨岸带城市化、工业化开发中的生态问题也有重要的实践意义和推动作用。此外，目前全球性问题也是与土地生态息息相关的，具体表现为：受粮食生产和牲畜放牧的影响，大量的自然绿色植被遭到破坏，影响光合作用而增加大气中 CO_2 浓度；其次，大量的土地资源退化，如水土流失、土地荒漠化、盐碱化等；最后，城市无控制的发展及工业交通等的 CO_2 排放。所有这些不仅引起地球表面的土地生态系统退化，而且日益引起全球性的气候变异，如大气变暖、大气干旱、厄尔尼诺现象和水旱灾害，进而影响全球性的陆地生态系统的退化和区域性变异等，这正是土地生态系统宏观研究中涉及的全球性问题。

国务院有关部门和各级政府均对海岸线和土地可持续利用与环境保护工作特别重视。"十二五"规划明确指出，要把建设资源节约型和环境友好型社会作为转变经济发展方式的重要着力点，对于国土资源部门而言，首先是要查清海岸线资源和土地生态状况，促进海岸线资源和土地管理模式向质量-生态管护转变。为全面保障我国国土资源安全和生态文明建设，国土资源管理逐渐从单纯的岸线和土地"数量管理"走向"数量管控、质量管理、生态管护"三位一体管理。管理方式的转变要求对岸线和土地资源"整体"变化展开跟踪和调查，不仅要调查岸线和土地"数量"，还要调查岸线和土地"质量"、岸线和土地"生态状况"，并对其进行评估，在此基础上为岸线和土地资源可持续发展提供政策建议。岸线土地生态状况调查与评估指标体系与标准作为岸线土地生态调查与评估工作的重要理论基础和操作规范，其构建是目前我国岸线土地调查领域亟待解决的关键技术问题。

1.2　海岸线资源的概念与分类

已有研究表明，从地理学角度讲，河流岸线包括枯水水位线至洪水水位线之间的范围，还包括人工堤、河流阶地范围，不仅表现当前的地貌形态，也要充分考虑历史河流地貌演变过程与未来的发展趋势；海岸线则是海洋与陆地的分界线，更确切的定义是海水到达陆地的极限位置的连线，随潮水涨落而变动，实际的海岸线应该是高低潮间无数条海陆分界线的集合，它在空间上是一条带，而不是一条地理位置固定的线。具体的岸线范围示意如图 1.1 所示。

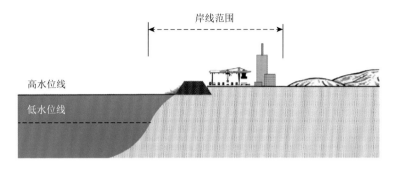

图 1.1　岸线范围示意图

　　传统意义上的岸线具有明确的"线"的概念，一般是沿岸外围线，亦即水面与陆地接触的分界线。实际生产和科研中广泛使用的岸线概念，远不仅限于一条可能被随时彻底改变的水陆域自然分界线，而是一个包含着充分发挥自然岸线利用价值所必需的一定水、陆域范围的条形或带状区域。因此，岸线是一个空间概念，其处于水域和陆域的结合地带，包括一定范围内的水域和陆域，向陆可延伸至岸线空间占用所及的距离。

　　海岸线资源的开发利用总是反映在岸线向水域、陆域延伸一定范围的空间占用。对于海岸线，岸线资源可分为自然岸线、人工岸线与河口岸线，其中自然岸线包括基岩岸线、砂砾质岸线、淤泥质岸线及生物岸线，人工岸线包括养殖围堤、盐田围堤、农田围堤、港口码头岸线、工业生产岸线、城镇生活岸线及其他人工岸线（表 1.1）。

表 1.1　海岸线资源分类

一级类代码	一级类	二级类代码	二级类	定义
1	自然岸线	11	基岩岸线	地处基岩海岸的海岸线
		12	砂砾质岸线	地处沙滩上的海岸线
		13	淤泥质岸线	地处淤泥或粉砂质泥滩的海岸线
		14	生物岸线	由红树林、珊瑚礁等组成的海岸线
2	人工岸线	21	养殖围堤	由人工修筑岸线及后方陆域 1 km 范围内，主要用于养殖的堤坝
		22	盐田围堤	由人工修筑岸线及后方陆域 1 km 范围内，主要用于盐碱晒制的堤坝
		23	农田围堤	由人工修筑岸线及后方陆域 1 km 范围内，主要用于农作物种植的人工堤坝
		24	港口码头岸线	岸线及后方陆域 1 km 范围内存在人工修建的用于客运、货运、捕捞及工程、工作船舶停靠的场所及其附属建筑物、物流仓储场所及设施的岸线开发类型，涉及港口码头、仓储等用地类型

续表

一级类代码	一级类	二级类代码	二级类	定义
		25	工业生产岸线	岸线及后方陆域1km范围内存在工业生产、产品加工制造、机械和设备修理及直接为工业生产等服务的附属设施的岸线开发类型，涉及工业用地类型
2	人工岸线	26	城镇生活岸线	城镇建成区范围内，岸线及后方陆域1km范围内存在住宅开发、公共服务设施开发、公园建设等岸线开发活动类型，涉及城镇住宅、公共管理与公共服务等用地类型
		27	其他人工岸线	水工设施岸线，包括人工修建的交通围堤、护岸、海堤和丁坝等岸线开发类型；人工围滩岸线，近年来围垦滩涂而未开展大规模开发建设等
3	河口岸线	31	河口岸线	入海河口与海洋的界线

　　利用遥感影像解译，将自然岸线划分为基岩岸线、砂砾质岸线、淤泥质岸线及生物岸线。具体的自然岸线遥感影像判别方法见表 1.2。

表 1.2　自然岸线遥感影像判别

二级类	划定标准	遥感影像判别
基岩岸线	基岩海岸一般比较弯曲，常有海岬和海湾，基岩岸线在影像上的位置在明显的海陆分界线上	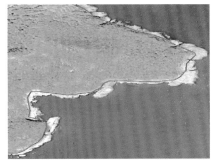
砂砾质岸线	砂质海岸比较平直，受潮水影响，海滩上部往往有脊状砂质沉积。砂砾在卫星遥感影像上反射率较高，颜色为白色，滩脊痕线靠陆地一侧的边缘作为其海岸线	

续表

二级类	划定标准	遥感影像判别
淤泥质岸线	淤泥质海岸向陆一侧常有一条耐盐植物生长茂盛与稀疏程度差异明显的界线，即为淤泥质岸线。对于已受人类开发的淤泥质海岸或面积，选择人工建筑如养殖池、盐田、道路等向海边界作为海岸线	
生物岸线	生物岸线一般分为红树林岸线、芦苇岸线和珊瑚礁岸线。红树林大多成片分布于杭州湾以南的浙江南部的海湾上，红树林向陆侧边界即为生物岸线的位置	

利用遥感影像解译，将人工岸线划分为养殖围堤、盐田围堤、农田围堤、港口码头岸线、工业生产岸线、城镇生活岸线及其他人工岸线。具体的人工岸线遥感影像判别方法见表1.3。

表1.3 人工岸线遥感影像判别

二级类	划定标准	遥感影像判别
养殖围堤	养殖区为人工修筑的圈围区域，界线较清晰，普遍尺度较大，一般呈长条状，很容易识别，养殖区向海一侧的外边缘即为海岸线位置所在	
盐田围堤	盐田呈规则小型方块状，大面积连续分布，由海向陆分布有沉淀池、蒸发池和结晶池。海岸线位置的确定与养殖围堤类似，向海一侧的外边缘即为海岸线位置所在	

二级类	划定标准	遥感影像判别
农田围堤	围垦农田是通过围填海的方式将形成的土地用于农林牧业，农田围堤一般与邻近耕地衔接，在作物生长季节色调发红，纹理均匀。一般以围垦田埂为界	
港口码头岸线	港口码头在遥感影像上色调多呈灰色或灰白色，边缘呈现齿状，具有防波堤、港池等附属地物。一般以港口堆场前沿线为界	
工业生产岸线	分布在沿海地区的工矿企业一般具有大堤保护，一般以前沿大堤线为界	
城镇生活岸线	如无大堤保护，则以水陆交互线为界；如有大堤保护，则以堤防线为界	

续表

二级类	划定标准	遥感影像判别
其他人工岸线	交通围堤、护岸、海堤、丁坝与其他水利工程一般以向海侧边缘线为界；人工围滩一般以水陆交互线为界	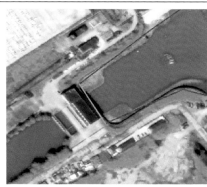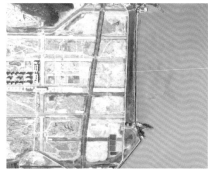

1.3 海岸线资源与土地利用研究进展

1.3.1 海岸线资源利用与土地利用

1. 海岸线土地利用的理论渊源

海岸线位于地表陆地向海洋的过渡地带，是陆海资源发生频繁交互作用的地区。在海岸线陆地-海洋大系统、陆地系统和海洋系统构成的联动机制中，土地资源位于海岸线陆缘部分，可视为海岸线陆地系统的子系统，联动组织结构中其他大小系统产生的外部性皆会影响土地系统改进与重构。换言之，海岸线土地利用结构在一定程度上"脱胎"于海岸线整体功能构架，因此有必要深入认识海岸线资源利用结构。

　　海岸线资源利用结构受到重视可追溯至 20 世纪 80 年代，联合国经济及社会理事会对世界沿海国家海岸线开发与管理境况的整理与介绍，初步涉及海岸线资源利用与组织。因内容主要仍停留于现象的表述与罗列，对海岸线资源与空间集成利用未形成全面的概念。表 1.4 反映了随后学者对海岸线利用与组织方式的系统性的探索与认知。McCreary 和 Sorensen（1990）的海岸线利用结构兼具自然环境保护与经济开发用途，整体上与联合国经济及社会理事会海洋经济技术处 1982 年编纂出版的《海岸带管理与开发》所涉及的国家和地区海岸线管理方案相契合，工业选址与原油和有毒物质泄漏应急计划都是该书重点强调的内容。Vallega（1992）所构思的海岸线利用结构框架则由世界海洋相互作用模型析出产生，不难发现其结构功能与后者存在一定的重叠且更偏向浓重的"海洋"色彩。与 Vallega（1992）主要由理论概念建立的结构框架相异，联合国环境规划署所构建结构源自实践建设形成的总结与经验（United Nations Environment Programme，1995）。显然，它较多地注重区域建设和经济的组织。

表 1.4　海岸线利用与组织方式

McCreary 和 Sorensen（1990）	Vallega（1992）		United Nations Environment Programme（1995）
1. 渔业	1. 海港	12. 防御	1. 城市和乡村系统
2. 自然保护系统	2. 航运、运输	13. 娱乐	2. 开放空间
3. 水源供给	3. 运输路线	14. 娱乐人工建筑	3. 农业用地
4. 娱乐	4. 航运、导航	15. 废物处理	4. 林地
5. 旅游业	5. 海洋管道	16. 研究	5. 矿业
6. 港口	6. 电缆光缆	17. 考古	6. 工业地区
7. 能源开发	7. 空运	18. 环境保护	7. 居住区
8. 原油和有毒物泄漏应急计划	8. 生物资源		8. 旅游和休闲地区
9. 工业选址	9. 碳氢化合物		9. 海洋利用
10. 农业	10. 含金属可再生金属		10. 交通走廊和地区
11. 海水养殖	11. 可再生能源资源		11. 其他基础设施

2. 海岸线土地利用模型特点探索

如复杂生物系统机理，土地是海岸线空间系统的一个子系统，它能够响应外部其他子系统的变化，并对其自身构架做出改变与调整，进一步形成土地系统的目标重置——土地利用模式改变。海岸线资源利用和组织是海岸线自然、人文等复杂机理的产物，是海岸线土地利用基础，其演变直接影响海岸线土地利用更替与演化，必然造成海岸线土地利用模式繁杂、多样的特点。

1）利用模式多元、兼具海陆性质

根据以上理论基础与前人研究，提炼出地理视角的海岸线土地与海洋利用模式如表 1.5 所示（瓦勒格，2007）。与陆域土地利用不同的是，海岸线土地资源区位具有独特性，所以我们需要协调陆地与海洋影响因子，因此，表 1.5 内容中增加了海岸线土地与海洋利用模式的讨论。

表 1.5　海岸线土地与海洋利用模式

利用模式	土地	海洋
农业与畜牧业	●	●
城市基础设施	●	
娱乐、旅游与文化	●	●
工业	●	●
港口	●	●
海上航运		●
道路运输	●	
自然植被利用	●	●
生物资源开发	●	●
生态系统保护	●	●
能源生产	●	●
矿产采集	●	●
通信	●	●
科研	●	●
国防	●	●

注：●表示土地或海洋存在这种利用模式。

由表 1.5 可知，海岸线土地利用囊括了经济、生态环境和社会等方面的利用模式，呈现多样性。另外可以发现，表 1.5 明显承袭了表 1.4 海岸线资源组织的主要框架，这也是海岸线区域的历史进程与地域特点决定的。观察海岸线土地和海洋利用模式内容，假以单独视角分别考量土地、海洋利用情况，因各自的局限性，分别存在部分利用模式空白，如海上航运是土地所不包含的利用模式，而城市基础设施、道路运输则是海洋所不包含的利用模式。值得注意的是，大多数利用模式为土地和海洋共有，说明海岸线土地与海洋利用的高度关联性。伴随科技水平和经济水平的提高，两者利用模式界限将逐渐模糊、淡化，如日本神户建造的世界上最大的人工岛、跨海公路的铺设，以及杭州湾跨海大桥等一系列工程都反映了海洋具备城市基础设施、道路运输的利用模式。

2）历史阶段性与承接性

海岸线土地利用方式是漫长历史选择的结果，紧随社会功能发展需要，海岸线土地利用模式随时间变化逐渐孕育而生。每个历史时期都会产生一些具有特色并广泛扩散与分布的海岸线土地利用方式。工业革命之前，海岸线土地利用主要为农业、渔业利用，如日本在16世纪将鹿儿岛湾围垦了近9/10，创造农田面积达上万公顷。工业革命至20世纪中期，欧美、日本等发达国家和地区海岸线港口和临港工业用地方式占据了主流，这些发达国家在第二次世界大战之后经济重建过程中选择在沿海建设工厂和港口，以提高就业率和促进经济快速发展；20世纪70、80年代，经济起飞加剧了对陆域土地资源的需求，人类逐渐将视野转向海岸线、海洋，以索求更加富足的空间。沿海近岸休闲旅游、滩涂围垦、人工岛等利用模式成为新的潮流。90年代起，环境污染、生态破坏等问题引起了人类对环境观念的反思与转变，可持续发展思想主导很多区域海岸线土地的利用，海岸线生态保护区、生态海洋养殖开始大量出现；传统的港口因产业升级、世界产业迁移等变化重构为多功能的物流平台，港口用地利用趋于复杂化。可以看出在时间尺度上海岸线资源利用呈"承先启后"式演变，并不是一个固定式或最终化的形态格局，而是一个形态不断演变的过程。

3）受多重机制影响

土地资源是区域自然与人文社会构成的双模块结构系统，海岸线地区自然过程、人文活动复杂多样，海陆运动交互作用频繁，土地利用深深印上了海洋烙印。海洋在自然机制、功能机制和人类活动机制三方面影响海岸线土地利用变化（廖继武等，2012）。自然机制包括地质地貌作用、自然灾害、水力活动、生物圈等因子，功能机制和人类活动机制包含经济开发、文化传承等活动。滩涂养殖、海岸线防护林、围海垦殖等都是海岸线土地对海洋影响的反馈。另外，海岸线也是陆域土地资源扩展、延伸部分，陆域人地系统规模的膨胀，使海岸线成了人类生存新的沃土。历史时期，河流入海三角洲的肥沃土壤给予人类足够的农耕空间；近代，优良的海岸港口区位又为陆域交通系统的拓展孕育了温床；至今，海岸线经济集中，成为拉动陆域经济的"马车"。因海岸线独特的地理位置，故海洋-陆地系统与之相应的互馈作用、自组织行为均对海岸线土地有不同程度的影响。

4）利用方式交叉、渗透，趋于复杂

在 20 世纪后期，新的土地利用方式快速涌现，传统与新兴海岸线利用方式交织在一起，土地资源面临空间结构重组。海岸线土地组织是个复杂的机体，组织内的利用模块拥有功能、目标多样性，亦存在某些利用方式的功能相似性或目标一致性，进而引起多种土地利用方式趋向于集聚效应、自组织最优化，引致土地利用方式集成的优化与升级。临海工业带由港口、工业、城市腹地建设等用地方式集合组成，海岸线自然保护区或由农业和畜牧业、旅游休憩、科研等利用方式构成等，交叉、融合体现了海岸线土地综合利用的趋向，为发展提供了更充裕的承载空间。

1.3.2 海岸线资源与土地利用研究进展

1. 海岸线资源可持续发展评价研究

随着海岸线资源开发规模的逐步扩大，对其可持续发展评价研究日益丰富。刘洋等（2010）以烟台市为例，从土地可持续利用的相关理论出发，建立海岸线资源可持续利用评价指标体系，用层次分析法（analytic hierarchy process，AHP）来修正熵权法进行权重的确定，利用模糊综合评判法来研究 2002～2006 年烟台市海岸线土地可持续利用情况。金建君等（2001）建立了海岸线可持续发展评价指标体系。苗丽娟等（2006）在借鉴国内外区域承载力研究思路与方法的基础上，结合我国海岸线生态环境的现状，综合分析各地的社会、经济、资源与生态环境因素，构建了适合我国海洋生态环境承载力评价的指标体系。熊永柱（2010）在总结国内外海岸线可持续发展相关的资源、环境、经济、技术、政策和规划等方面的研究现状与进展，分析了海岸线可持续发展研究存在的问题和发展趋势。

"压力-状态-响应"（pressure-state-response，简称 P-S-R）模型主要描述的是人类使用的各种资源来源于自然环境，同时又向自然环境排放废弃物，即人类活动对自然环境施加了一定的压力（pressure），导致自然环境状态（state）发生一定的改变。之后人类为了防止生态退化或者促进生态恢复采取一定的努力措施，又做出必要的响应（response）。如此循环往复，就形成了人类活动与自然环境之间"压力-状态-响应"的关系，它形象地反映了社会、经济和自然环境三者之间相互依存的关系。王玉广等（2006）利用 P-S-R 模型，建立了海岸线开发活动的环境效应评价指标体系，并使用综合指数法进行综合评价。曲丽梅等（2008）以河北省海岸线为研究区，采用 P-S-R 模型，构建了海岸线生态安全的指标体系，用主成分分析法构建指标体系进行海岸线生态环境效应评价。薛雄志等（2004）基于整体性、科学性和可操作性的指标选取原则，采用 P-S-R 模型，提出符合中国国情的海岸线生态安全指标体系的基本框架。吝涛等（2009）利用 P-S-R 模型，探讨了厦门海岸线湿地变化的主要原因（压力）、成分退化和结构改变（状态），以及其对生态系统的主要影响（响应）之间的作用机制，建立定量评估体系分析海岸线生态安全响应力反馈效果、反馈效率和反馈充分性。

2. 海岸线土地利用变化及驱动力研究

海岸线土地利用变化及驱动力研究是土地利用/土地覆被变化（LUCC）研究的重点内容。前人在海岸线土地利用变化方面取得了较多成果。侯西勇和徐新良（2011）利用 GIS 空间分析技术、条带分割法及优势度和土地利用程度综合指数，研究了中国海岸线区域土地利用的数量、结构、空间格局和集约化特征。韩磊等（2010）基于美国 1949～2002 年以州为统计单元的土地利用数据，运用土地利用动态度、土地利用变化区域差异指数、土地利用程度综合指数来分析和揭示美国海岸线地区土地利用变化的时空特征。邸向红等（2011）在 RS、GIS 技术支持下，经过遥感影像解译获取研究区不同时期的土地利用信息，对芝罘连岛沙坝附近海岸线土地利用进行了分析。路晓等（2011）解译遥感数据得到山东半岛两期土地利用数据，利用转移矩阵、动态度、土地利用程度综合指数等方法，对距离海岸线 0～100 km 的土地利用分布与变化特征进行了分析。吴泉源等（2006）利用遥感数据提取 1984～2004 年龙口市海岸线土地利用信息，从土地利用总量变化、土地利用变化速度、土地利用类型之间的相互转化、土地利用类型变化的海岸区位效应等方面分析龙口市海岸线动态变化特点。

此外，也有学者从海岸线土地利用/土地覆被信息角度进行海岸线土地利用的变化特征研究。李加林（2004）研究了近年来杭州湾南岸滨海平原土地利用/土地覆被变化过程、格局、驱动机制，探讨土地利用/土地覆被变化对土壤质量变化的影响，并对其引起的区域生态系统服务功能变化进行了初步研究。刘艳芬等（2010）运用海岸线地理环境的特殊属性和城区海岸线地物的复杂性，逐级分层解译和提取了海岸线土地利用/土地覆被信息。张安定等（2007）完成了海岸线土地利用/土地覆被类型的遥感解译，采用叠加分析方法，研究了龙口市10 年间海岸线土地利用的变化特征。万峻等（2009）使用土地利用动态度分析方法，分析渤海湾典型海岸线（天津段）土地利用/土地覆被变化特征。

随着 RS 和 GIS 软件技术的成熟，更多的学者通过利用最新遥感数据进行海岸线土地利用变化研究。刘宏娟等（2006）在解译 1988 年、2000 年 Landsat-TM数据基础上，得到渤海湾海岸线土地利用/土地覆被变化，并结合社会经济统计资料分析了该区域生态环境的动态变化情况及驱动因素。张海林等（2005）以龙口市为实验区，采用分层分类法提取 1995 年、2004 年 ETM＋和 QuickBird 卫星遥感影像的土地利用信息，从空间和时间角度分析土地利用变化的驱动力。欧维新等（2004）利用 RS 和 GIS 技术研究了盐城海岸线景观格局的时空变化并探讨了驱动力因子。高义等（2011）采用 RS 和 GIS 技术对 1985 年、2005 年广东省海岸线土地利用数据进行处理，对海岛海岸线土地利用变化及其驱动因子进行了分析。吴泉源等（2007）利用龙口市 1984～2004 年的 12 个时相的遥感图像，解译提取不同年代的海岸线、高潮线和低潮线，通过与基准线和人为因素的对比分析，研究了海岸线的时空变化规律及影响海岸线时空变化的主导因素。

3. 海岸线土地利用适宜性评价

海岸线土地利用适宜性评价是对海岸线土地在其所处的地质和社会条件下，对于某种特定的利用方式是否适宜及适宜程度进行的评估。土地利用适宜性评价是土地资源管理和决策的基础，是制定土地利用规划的依据（刘国霞，2012）。根据评价对象，可分为建设用地、居住用地、商业用地、农业用地、工业用地等的评价；根据评价目的，可分为单目标和多目标的综合评价；根据评价时点不同，可分为现阶段和后阶段的土地利用适宜性评价。

Henrik 等（2009）选取资源的可开发范围、土地利用现状、环境数据、生物多样性等数据，采用模糊综合评价法对 Karas 和 Hardap 区域的海岸线土地资源进行适宜性评价。孙晓宇等（2011）建立了基于地质条件的土地开发利用适宜度评价模型（land USEM），对广东东部海岸线土地利用适宜性进行评价。于永海等（2011）从海岸的自然条件、海洋生态、开发利用现状、灾害地质、社会经济等方面，筛选了海岸线填海适宜性的评价因子，建立了评价指标体系，以辽宁省为例进行了实证研究。刘国霞（2012）基于 2006 年 SPOT-5 和 2010 年 ALOS 影像，以土地利用类型与评价因素等级组合的频繁度为依据，对东海岛土地资源的适宜性和开发强度进行评价，并对评价结果进行分析。同时，刘国霞（2012）还以海陵岛为例，利用遥感影像、数字高程模型（DEM）数据、土壤数据、离岸距离数据和交通条件数据等，以 2008 年的土地利用类型为样本，选取对海陵岛土地利用布局影响最大的土壤类型、高程、坡度、坡向、离岸距离和交通条件 6 个因子为评价因素，采用栅格数据空间叠加分析的方法，确定不同土地利用类型在各评价因素下的适宜度，求出各评价因素的适宜度权重，运用加权求和法获得海陵岛 2008 年土地利用在全部评价因素下的综合适宜度，并对综合适宜度进行分等定级。陈端吕等（2009）以常德市为例，运用德尔菲法筛选评价因子，建立评价指标体系，确定土地生态适宜性分级标准，使用 GIS 软件将土地利用适宜图和土地利用现状图进行叠置分析，得出当前土地利用的适宜程度。

4. 海岸线土地利用开发强度评价

海岸线土地利用开发强度是指由人为因素造成的海岸线土地利用类型改变的程度。虽然海岸线土地资源有着多种多样的利用方式，但海岸线土地资源的数量是非常有限的，人们为了提高有限土地资源的利用效益，不停地进行着土地利用方式的改变。海岸线土地资源开发强度评价是对海岸线土地利用开发程度的量化评价。

Lechterbeck 等（2009）认为人类活动在植物覆被变化方面起着重要的作用，植被的变化是评价海岸线人类活动影响的主要因素，并以莱茵河口为研究区，研究人类活动对不同土地利用类型的影响程度，结果表明用人类活动的影响来评价土地利用强度可以取得不错的效果。Bettina（2006）以 Haida Gwaii 岛为研究区，在研究该岛土地利用强度与土地资源管理特征的基础上，提出了该岛土地利用的科学规划思想。周炳中等（2000）以长江三角洲为研究区，建立了适合该区域的土地利用开发强度评价体系，并对长江三角洲地区不同行政单位的土地开发利用强度进行了对比研究，得到其相对开发强度。孙晓宇（2008）以粤东海岸线为研究区，利用多期土地利用数据结合土壤、地形数据进行了海岸线土地利用适宜度和开发强度的评价与分析，提出了"土地利用属性空间"的概念，并建立了土地开发利用强度评价模型——多维向量模型，把不同土地利用情况在属性空间中进行定位。尧德明等（2008）以人口密度、地均资产投入、土地垦殖率、粮食产量等为评价因素，采用问卷调查和专家打分法确定评价因素权重，应用比较法对海南省土地利用开发强度进行了评价。

目前，关于土地利用适宜性与开发强度评价方面的研究以及针对内陆的评价研究较多，评价方法也较成熟。但是专门针对海岸线开展土地利用适宜性和开发强度评价的研究较少，目前检索到的国内外关于海岸线土地适宜性和开发强度评价方面的文献，多数未给出具体评价体系，评价方式以借鉴内陆评价模式为主。评价区域也大多限于对海岸线陆地土地资源的评价，未对海岸线滩涂资源、浅水水域进行评价，评价因素也较少考虑海岸线环境的特殊性。

1.4 滩涂资源开发与利用模式研究

1.4.1 滩涂形成机理与开发利用研究

国外学者尤为重视研究滩涂形成机理。通过研究水沙条件对岸滩的作用，分析沿海滩涂的形成机理（Hoque and Asano，2007），为滩涂资源合理开发利用提供理论基础和依据（Holland et al.，2009），主要采用物理模型和数学模型（Dean et al., 1997）。此外，国外学者重视新技术在滩涂开发中的应用：如采用数值模拟、动画视频结合探讨滩涂动态变化（Ranasinghe et al., 2004），运用先进监控设备监控滩涂水流变化（Rathbone et al., 1998）。随着人们对滩涂开发利用认识的深入，国外学者将注意力关注到海岸工程对围垦滩涂的影响上来，探讨海岸工程建设对滩涂生态环境的影响，一些学者做了案例研究，如以色列赫兹利亚（Klein and Zviely, 2001）等。国外滩涂生态研究非常注重实用性和可操作性。在滩涂的规划和管理上，西方国家处于世界领先水平。西方学者在 20 世纪 30 年代提出采用综合管理方法进行海岸带空间资源开发，统筹考虑沿海资源、海况及人类活动等（彭建和王仰麟，2000），积累了较多的滩涂开发利用管理经验。海岸带综合管理（ICZM）作为一种成熟、先进的资源管理方法，越来越多地被诸多发达国家和发展中国家所接受，许多 ICZM 计划已经在区域、国家和地方各个层次上启动，形成了美国夏威夷管理模式、荷兰管理模式、日本管理模式和澳大利亚管理模式等（陈永文等，1990）。在法律法规上也体现出许多国家对海岸带综合管理的重视与支持，制定具体行动来保护和恢复海洋（岸）生态环境，如欧洲海洋及海岸带可持续发展战略（Borja, 2005）、加拿大的"海洋行动"战略（Parsons, 2005）、南非的综合海洋（岸）资源管理法案（Borja et al., 2008）等。

国内学者更多地关注如何最大限度地挖掘滩涂的社会经济价值及滩涂开发对区域开发的作用。杨竞寸（1995）指出滩涂开发对小城镇建设的作用；丁金海等（2003）探讨了滩涂围垦对水产养殖的影响；王灵敏和曾金年（2006）论述了浙江沿海滩涂围垦区土地利用对当地经济发展所做出的贡献；冯利华和鲍毅新（2006）认为滩涂社会经济效益与 PRED（人口、资源、环境与发展）紧密相关；丁涛等（2009）提出了用滩涂开发的效益费用比来衡量滩涂价值等。

国内学者关注滩涂开发对环境的影响始于 20 世纪 80 年代，主要探究在滩涂开发利用过程中如何实现环境保护。其主要研究方向有滩涂质量研究（王益澄等，2005）；滩涂生物多样性保护和可持续利用（贾文泽等，2003）；滩涂利用对环境承载力的影响（刘瑶等，2006）；从不同空间尺度研究沿海滩涂生态开发模式，评价小尺度下的生态状况（彭建等，2003）；生态化围垦与滩涂生态价值研究（徐承祥，2006）；国外滩涂开发利用模式的借鉴（张振克等，2013）等。以上研究体现了国内学者在关注滩涂开发利用对环境影响研究中的主要动向。

在滩涂开发过程中，相关部门逐渐意识到管理的重要性，诸多沿海省市纷纷出台了相关法律法规，以利于滩涂管理。例如，《江苏省滩涂开发利用管理办法》（1998 年）、《广东省河口滩涂管理条例》（2001 年）、《江苏沿海地区发展规划》（2009 年）等。一些学者提出了诸多符合我国国情的管理方法。例如，郑培迎（1996）在分析滩涂开发存在的问题的基础上认为应注重滩涂资源的综合管理；杨宝国等（1997）指出推进滩涂开发一体化管理是滩涂开发利用的一个重要战略，有利于实现滩涂资源的持续合理开发；王刚和王印红（2012）针对我国当前沿海滩涂环境管理存在的主要问题，提出应建立沿海滩涂管理委员会，明确职责，实现"综合管理、生态管理、过程管理"。

1.4.2　滩涂资源利用的主要模式总结

各国（地区）沿海地区均有滩涂分布，但主要分布类型存在一定差异。在滩涂开发利用过程中，国外比较重视滩涂高效可持续利用，滩涂开发的重要目标是为居民创造适宜的生态环境。滩涂利用方式主要包括：①大型机械化农场，荷兰最为典型，荷兰通过多个阶段围海造地，发展大农业，获得了很大效益（陈国南，1990）；②盐田海水制盐；③滩涂自然保护区；④港口和城镇建设，如荷兰、日本、新加坡等；⑤滩涂旅游业（梁修存和丁登山，2002）。由于各国经济发展水平存在一定差异，滩涂利用主导模式也具有显著差别。亚非拉的发展中国家（或地区）利用滩涂发展大农业（机械化程度低）。但是在经济利益的驱动下，诸多地区未能注意自然生态保护区建设，破坏了生态环境；以东非沿岸地区最为典型。经济相对发达的沿海国家或地区（如日本、新加坡等），因其土地面积有限，则通过大量的围海造地，来建设沿海产业园区。

基于各国经济发展水平和条件的差异性，何书金等（2005）系统总结出主要的开发模式：荷兰"填海造陆，泥沙补给模式"、丹麦"滩涂规划模式"、菲律宾"水产养殖模式"、巴西"环境保护模式"、坦桑尼亚"综合开发管理模式"等。诸多开发模式虽然各有不同，但总结看来，具有以下特点：①针对滩涂资源特征及主要存在问题，因地制宜地提出具有本国特色的开发利用模式，在政府资助和参与下，滩涂开发利用模式具有很强的操作性；②滩涂开发利用模式技术含量高，整体性强，开发管理效益高；③大多数滩涂开发利用模式重视渔业养殖，形成了良好的渔业养殖系统。

我国沿海滩涂资源开发利用的历史悠久。早在秦汉和隋唐时期，围海造田已经达到一定的规模，存在富中大塘、吴塘、钦公堤以及范公堤等围垦痕迹（孟尔君和唐伯平，2010）；总结出了"鱼鳞式围塘""促淤围塘"等一系列围海造田的经验（何书金等，2005）；但滩涂土地利用方式比较简单。中华人民共和国成立以来，国家非常重视滩涂开发利用，前后开展了全国海岸带资源调蓄、全国海岛资源调查、全国沿海滩涂资源农业开发规划等滩涂资源调查与开发利用活动，三次大规模的沿海滩涂调研工作，积累了丰厚的第一手资料；系统摸清了沿海滩涂资源现状，对促进沿海滩涂资源合理开发利用意义重大。

"围垦-养殖-种植"是我国沿海滩涂早期开发利用的主要模式；开发相对单一，缺乏规划；之后逐步向综合开发方式转变（魏有兴等，2010）。不同区域针对当地的滩涂特征，因地制宜选取不同的开发模式。例如，环渤海湾地区为实现滩涂资源合理可持续利用，采用"鱼塘-台地立体生态利用""保护性农业综合开发"等多种模式相结合（何书金等，2002）；江苏沿海盐分含量高的滩涂地区则主要是"围垦-养殖-复垦"模式（王芳和朱跃华，2009）等。

总体而言，我国沿海滩涂开发利用模式研究重视滩涂综合开发。在开发过程中，尽管诸多模式均考虑到了保护生态环境，但忽略了滩涂资源的持续高效利用及滩涂资源的生态服务价值的功能保护（刘伟和刘百桥，2008），这在今后滩涂开发利用过程中需要引起关注。

第 2 章 江苏沿海土地利用特征^①

2.1 研究区概况

2.1.1 研究区范围与概况

江苏沿海地区位于 116°18′E～121°57′E，30°45′N～35°20′N，北起苏鲁交界的绣针河口，南抵长江口。研究中将沿海地区定义为临海的市级行政区，位于连云港、盐城、南通三市内。其中，由北向南依次为连云港市的赣榆区、连云港市区、灌云县、灌南县；盐城市的响水县、滨海县、射阳县、盐城市区、大丰区、东台市；南通市的海安市、如东县、南通市区、海门区和启东市，共 15 个县级行政单位，共计 2.4 万 km²^②。

江苏沿海地区海岸线长 788.16 km，滩涂面积达 6873 km²，约占全国滩涂总面积的 1/4（项立辉等，2010），是江苏全省主要的后备土地资源，也是目前我国东部最具潜力和后发优势的一块宝地。在区位上，江苏沿海北部连接环渤海地区，东与东北亚隔海相望，西连新亚欧大陆桥，是陇海兰新地区的重要出海通道，区位优势独特，战略地位重要。连云港位于江苏沿海地区最北端，是陇海铁路，以及举世瞩目的新亚欧大陆桥东桥头堡、新丝绸之路东端起点；盐城是江苏沿海地区面积最大的地级市，海岸线总长度达 582 km，占江苏省海岸线总长度的 56%，滨海港地处江苏沿海中部，与韩国和日本隔海相望，港口水深条件较好；南通位于江苏沿海地区最南端，与上海及苏州隔江相望，通江达海，境内长江岸线长 226 km，海岸线 210 km。

2.1.2 自然地理概况

1. 地质与地貌

江苏沿海地区几乎被第四纪沉积物所覆盖，以射阳、大丰、东台沿海最厚，

---

① 由于本书是对前期研究成果的总结，因此，书中所涉及的数据多为 2015 年之前整理，下文亦同。

② 连云港市区包括海州区、连云区；盐城市区包括亭湖区、盐都区；南通市区包括崇川区、港闸区、通州区。2018 年，撤销海安县，设立县级海安市；2020 年，撤销南通市崇川区、港闸区，设立新的南通市崇川区；2020 年，撤销县级海门市，设立南通市海门区。

达 300～400 m；赣榆南部、如东、启东等地亦在 100 m 以上；而海州湾山区丘陵地带因遭受风化侵蚀，第四纪沉积物近乎缺失，仅分布在山前河谷和沿海，但厚度不超过 50 m。北部第四纪沉积物物质组成为棕黄色的中粗砂和亚黏土，上层为灰褐色淤泥质黏土、亚黏土和中细砂；南部下层为棕黄、灰黄色亚黏土、黏土夹细砂，上层为中粗砂和细粉砂，反映了海陆交互沉积的特征，沉积物深厚，地基松软。

江苏海岸按物质组成可分为砂质海岸、基岩海岸、粉砂淤泥质海岸三类。砂质海岸分布于海州湾北部的绣针河口至兴庄河口，岸线长约 30 km。柘汪以北原为堆积海岸段，但近 30 年处于微侵蚀或基本稳定状态，滩面沉积物以淤泥质粉砂、粗粉砂为主。柘汪以南为侵蚀性海岸，主要由于入海河流入海泥沙减少及人工采挖海滩沙，使岸线逐步后退。基岩海岸分布在连云港西墅至烧香河北口，岸线长 40.3 km，海州湾海滨浴场及墟沟海湾等处为砂质堆积，其余均为海蚀悬崖，崖前滩面较窄。粉砂淤泥质海岸岸线长 883.6 km，岸线长度占全省海岸线的 90%以上。按其动态特征可分为基本稳定、侵蚀与堆积三种类型，具体情况如下。

（1）基本稳定性粉砂淤泥质海岸有南北两段，北段为兴庄河口至西墅，长32.2 km，潮间带宽 2.5～3 km，坡度小于 1‰；南段为蒿枝港至启东嘴，长约 55 km，潮间带宽 3.5～5.5 km，坡度 1.1‰～1.2‰。

（2）侵蚀性粉砂淤泥质海岸也有南北两段，北段为大板跳至射阳河口，岸线长 125.6 km，堤外滩面较窄，一般宽 0.5～2 km；南段为海门东灶港至启东蒿枝港，岸线长 29.4 km，浅滩宽 2～5 km，坡度 2.68‰。目前该段海岸的后退已采取各种防护措施而被控制。

（3）堆积性粉砂淤泥质海岸，分布于射阳河口至东灶港，岸线长 468.7 km，占全省海岸线 60%，滩阔坡缓，滩面宽 10 km 以上，在沙洲并陆段甚至可达 30 km，坡度约为 0.2‰。长期固定断面实测，其平均高潮线外移速度以辐射沙洲根部蹲门口至弶港一带为最快，可达 200 m/a，向南北两侧逐渐减慢。

2. 辐射沙洲脊群

辐射沙洲脊群位于江苏中部的新洋港至遥望港之间的海区，即废黄河水下三角洲至长江水下三角洲之间，沙脊群南北长达 200 km，东西宽 90 km，海区水深 0～25 m，以弶港为中心向外呈辐射状分布。由辐射点向北东和南东方向分布有共计 10 条形态完整的大型水下沙脊，每个沙脊长约 100 km，宽约 10 km。多数沙脊在近岸部分，低潮时出露成为沙洲，1 km² 以上的沙洲有 50 余个，理论深度 0 m 以上面积 190 多万亩[①]。沙脊的物质组成主要是细砂，沉积物自下

---

① 1 亩≈666.67 m²。

而上逐渐变粗。沉积构造由水平层理向上逐渐变为各种类型的交错层理，反映水动力作用逐渐增强，与粒度的变化是一致的。它的形成主要是由于来自东南方向的东海前进波与来自东北方向的南黄海旋转波在此相遇形成辐聚辐散的水动力条件，将古长江和古黄河三角洲沉积物及少量的长江入海泥沙带至这一带的结果。

3. 海岸气候条件

江苏海岸带受季风气候控制，处于北亚热带向暖温带过渡地带，兼受海洋性和大陆性气候双重影响。

苏北灌溉总渠以北沿海，全年太阳总辐射量达 $118 \sim 126$ kcal[①]/cm^2，年日照总量为 2400～2650 h。总渠以南太阳总辐射量达 110～118 kcal/cm^2，年日照总量为 2100～2400 h。年平均气温自北向南递增，总渠以北为 13～14 ℃，总渠以南为 14～15 ℃。因受海洋调节，具有冬半年偏暖、夏半年偏凉、春季回暖迟、秋季降温慢、光热充足等特点。

年平均降水量，总渠以北为 900～1000 mm，总渠以南为 1000～1100 mm，在海岸带范围内，由陆向海降水量逐渐减少。受季风影响，全年风向具有明显的季节性变化。冬季盛行偏北风，夏季盛行偏南风；平均风速、风压等值走向，基本与海岸线平行，自内陆向海风速明显增大。最大风速主要出现在 7～9 月热带气旋活动的季节。

主要灾害性天气有台风、暴雨、冰雹、龙卷风、寒流和雾。

4. 沿岸水文特征

江苏沿海潮流，南受东海前进潮波控制，北受黄海旋转潮波控制，两者在中部弶港一带岸外辐合。沿海潮汐类型，北部沿海多属不正规半日潮，小部分区域是正规半日潮；南部沿海为正规半日潮。全省沿海高潮间隙为 7～12 h，闸下平均高潮位为 1.27～4.61 m，平均低潮位为–1.67～1.22 m。平均潮差为 2～3 m。弶港至小洋口一带为潮差最大区，平均潮差达 3.9 m 以上。小洋口外实测最大潮差达 9.28 m。

沿海区全年盛行偏北向浪，多为以风浪为主的混合浪。主浪向为 ENE，强浪向为 NW 和 N；北部浪向为 ENE，强浪向为 NE。9 月海区北部平均最大波高为 2.9 m，南部为 2.0 m，平均波高和平均周期年变化不显著。沙洲区外缘和海岸带外侧波浪较近岸大，最大波高分布有如下特征：3 m 等值线基本沿海岸及沙洲区外轮廓线分布，离岸约 20 km，由海向岸波高迅速减小。弶港近岸仅出现能越过沙洲的破碎波。因此波高较小，最大不超过 2 m。

---

① 1 kcal = 4.186 kJ。

江苏沿海岸外浅海泥沙含量较高,夏季平均含沙量大于 0.10 g/L,冬季平均高达 0.30 g/L。连云港海峡,年平均含沙量为 0.24 g/L。灌河口一带,多在 0.10~0.38 g/L。废黄河口附近,含沙量大增,一般均在 0.50 g/L 以上,这与废黄河口一带受波浪作用较强有关,在射阳河口附近,含沙量一般在 1.20~1.40 g/L。在辐射沙洲的内缘区,含沙量剧增,在新洋港和王港多在 1.00~2.50 g/L。辐射沙洲区南翼近岸水域含沙量比北翼小。小洋口外大多在 0.40~1.30 g/L,至北坎,降至 0.30~0.80 g/L,小庙泓附近又降至 0.20~0.70 g/L。长江口北支也是泥沙含量较大的区域。海水中较多的泥沙含量,利于潮滩沉积发育,但也易引起沿海闸下港槽的淤积,影响工程效益。

对江苏海岸安全影响最大的主要自然因素为大风和天文大潮汛耦合,两者遭遇概率较大。据 1951~1981 年资料分析,出现较强台风与天文大潮汛(农历初一至初四、十四至十八)耦合的次数有 18 次,占总次数(34 次)的 52.9%;较强台风中心穿过海岸登陆的有 15 次,占总次数的 44.1%;较强台风中心穿过海岸登陆,同时又耦合天文大潮汛的有 7 次,占总次数的 20.6%。

江苏沿海出现异常高潮位,除极个别极优天文条件下的大潮汛外,几乎均由台风过境引起。台风风向大多与海岸正交,风急浪高,增水现象明显,对海堤造成的破坏影响最大。据连云港、射阳河口、吕四等 7 站资料分析,1971~1981 年对江苏沿海影响较大的、造成 1.5 m 以上增水的台风有 13 次,其中 2 m 以上增水的有 6 站次。1981 年 14 号台风,适逢农历八月初大潮,沿海各站增水 2 m 以上,小洋河最大增水为 3.81 m,射阳河口达 2.95 m,吕四为 2.38 m。1997 年 11 号台风增水也十分明显,沿海各站纷纷接近历史最高潮位,遥望港附近超过历史最高潮位达 0.31 m。

另外,台风时常伴有暴雨,据 1959~1981 年资料分析,造成江苏沿海地区特大暴雨的天气系统中,台风占 27.8%。入海洪峰还造成河口局部水位壅高。

2.1.3　社会经济概况

1. 人口与城市化

江苏沿海地区 1996 年总人口为 2004.3 万人,到 2015 年为 2125.4 万人,人口总量逐年递增,但增速缓慢(图 2.1)。农村人口持续减少,由 1996 年的 1539.7 万人减少到 2015 年的 834.7 万人,减少了 705 万人,减幅为 45.8%。城镇人口由 1996 年的 464.7 万人增加到 2015 年的 1290.6 万人,增加了 825.9 万人。其中 1996~1999 年,农村人口减少和城镇人口增加速度较为缓慢,而 2000 年以后速度加快。可见,江苏沿海地区的城市化进程不断加快。从区域差异看,连云港人口最少，2015 年总人口为 530.6 万人；盐城和南通人口数相差不大，分别为 828.0 万人和 766.8 万人。

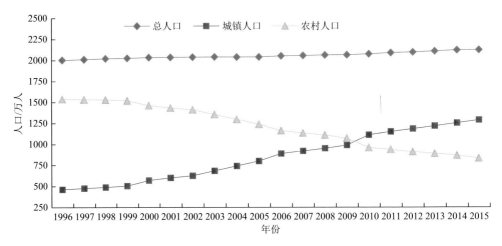

图 2.1　1996～2015 年江苏沿海地区人口数量变化

2. 经济状况

江苏沿海地区 GDP 统计以 1996 年价格为基准，运用平减指数进行修正。如图 2.2 所示，由 1996 年的 1121.8 亿元增加到 2015 年的 12 521.5 亿元，1996～2005 年，江苏沿海地区生产总值增加较为缓慢，2005 年以后增速开始加快，三市生产总值增长的趋势线走向相同。江苏沿海三市的经济状况存在显著的区

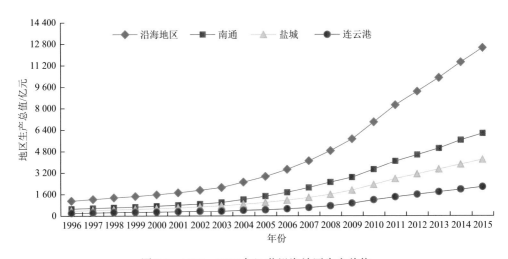

图 2.2　1996～2015 年江苏沿海地区生产总值

域差异，2015 年连云港生产总值为 2160.6 亿元、盐城为 4212.5 亿元、南通为6148.4 亿元。江苏沿海地区经济发展迅速，尤其是南通，是沿海三市中经济水平最强的地区。

3. 产业结构

2015 年江苏沿海地区三次产业结构为 9.2：46.8：44.0（图 2.3），而经济发达的苏南地区为 2.1：46.7：51.2。近年来，江苏沿海地区产业结构有所调整，第一产业比重呈不断下降的趋势，第三产业的比重逐年上升，如 1996 年第一产业的比重为 30.4%，第三产业的比重为 28.5%，到 2015 年第一产业下降了21.1%，而第三产业增加了 15.5%，第二产业比重先增后降，但是比重仍较第一产业和第三产业高，说明第二产业尤其是工业仍旧是江苏沿海地区经济发展的支柱，因此，江苏沿海地区产业结构仍需进一步改善，注重产业转型与升级，降低第一产业占比，适当提高第三产业在国内生产总值中的比重，从而提升经济发展的质量。

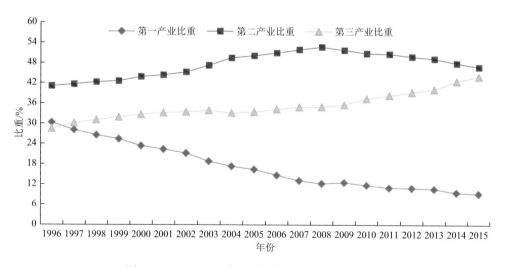

图 2.3　1996～2015 年江苏沿海地区三次产业结构

2.1.4　生态环境状况

江苏沿海包括连云港、盐城、南通三个地市，地跨暖温带和北亚热带，生态旅游资源丰富多样。连云港属基岩质海岸，拥有花果山景区等多个国家级景区，山海景观生态旅游特色明显。盐城拥有东部沿海 45 万 hm^2 海涂湿地，是太平洋西海岸亚洲大陆边缘面积最大、原始生态保持最完整的海岸型湿地；拥有两个国家级自然保护区，城市周边河网密布，湿地生态旅游特色明显。南通集"黄金海岸"与"黄金水道"优势于一身，以江海休闲观光与乡村生态体验等为主的系列生态休闲旅游产品比较典型。区内拥有一个国家级风景名胜区和两个国家级自然保护区，民风淳朴，一派田园风光，滩涂、辐射沙洲等景观独特，生态旅游资源极其丰富，并且紧邻以上海为中心的长江三角洲，旅游客源稳定可靠，发展生态旅游的条件良好。目前三市的旅游业发展还不平衡，南通较好，盐城相对落后。

连云港风景名胜众多，历史文化浓厚。目前拥有花果山、连岛、孔望山、渔湾等国家级旅游区，重要的省级自然保护区之一的云台山森林自然保护区。境内山石奇特、名胜古迹众多、海岸风光宜人。近年来，连云港旅游正从以往单一观光旅游形态向生态休闲游过渡。2009年，连云港推出以"中国生态旅游年"为主题的"乡村游"，吸引了大量旅游者前来观光旅游，促进了农业生态旅游的发展。

盐城湿地生态旅游资源丰富，拥有两个国家级自然保护区：盐城湿地国家级珍禽自然保护区与大丰麋鹿国家级自然保护区。西部地处里下河地区腹地，有大纵湖旅游度假区、湖荡风光游览区等旅游景区。近年来，盐城充分利用自身生态旅游资源，推出"东方湿地之都，仙鹤神鹿故乡"的旅游宣传口号，大力发展生态旅游。自2007年以来，盐城每年举办丹顶鹤国际湿地生态旅游节，吸引国内外大量旅游者。盐城目前正规划建设的盐城湿地生态国家公园，将其打造成"太平洋西岸最大的湿地公园""亚洲东部最佳的生态旅游乐园"。

南通是江苏唯一一个濒江靠海的城市，素有"江海门户"之称。南通的江海河山自然景观多样，旅游资源丰富。近几年，如东的"海上迪斯科——南黄海踩文蛤"、滩涂放风筝，启东的"圆陀观日出"，海门的蛎蚜山生态旅游名闻遐迩，彰显了南通江海休闲生态旅游特色。2010年"世博效应"为南通生态旅游发展提供了更为广阔的平台，"江海福地，休闲港湾"的旅游形象得到更为广泛的传播。

2.2　土地利用基本特征

2.2.1　土地利用时空格局特征分析

2005～2015年，江苏沿海地区各类型土地利用变化情况见表2.1与表2.2：农用地的数量逐年下降，2005～2010年从224.88万hm²下降到222.51万hm²，共计下降2.37万hm²，平均每年下降4740hm²；2015年为220.81万hm²，2010～

2015 年下降了 1.7 万 hm², 平均每年下降 3400 hm²。江苏沿海地区建设用地数量逐年增加, 从 2005 年的 40.63 万 hm² 增加到 2010 年的 48.43 万 hm², 年均增加 7.80 万 hm², 2010~2015 年从 48.43 万 hm² 增加至 51.72 万 hm², 平均每年增加 3.29 hm²。江苏沿海地区其他土地数量呈现减少趋势, 2005~2010 年其他土地从 94.00 万 hm² 下降到 93.42 万 hm², 年均下降 5800 hm², 2010~2015 年从 93.42 万 hm² 下降到 91.83 万 hm², 下降 1.59 万 hm²。

表 2.1　江苏沿海地区土地利用变化　　（单位：万 hm²）

分类	2005 年	2010 年	2015 年	年均变化量	
				2005~2010 年	2010~2015 年
农用地	224.88	222.51	220.81	−2.37	−1.70
建设用地	40.63	48.43	51.72	7.80	3.29
其他土地	94.00	93.42	91.83	−0.58	−1.59
总和	359.51	364.36	364.36	4.85	0

表 2.2　江苏沿海地区岛屿土地利用变化　　（单位：万 hm²）

分类	2005 年	2010 年	2015 年	年均变化量	
				2005~2010 年	2010~2015 年
农用地	0	0	0	0	0
建设用地	0	0	0.1	0	0.02
其他土地	15.7	13.4	13.4	−0.46	0
总和	15.7	13.4	13.5	−0.46	0.02

江苏沿海地区岛屿 2005~2010 年没有农用地和建设用地, 其他土地从 15.7 万 hm² 减少到 13.4 万 hm², 年均减少 0.46 万 hm²；2010~2015 年江苏沿海地区岛屿增加了 1000 hm² 的建设用地, 年均增加 200 hm², 其他土地保持在 13.4 万 hm²。

2.2.2　土地利用限制性因素分析

1. 基本农田保护率偏高, 耕地保护压力较大, 与城镇工业发展空间冲突

江苏沿海地区社会经济的快速发展、城镇化与工业化的推进、人口的持续增加等都需要一定的土地资源作为保障, 尤其是当前土地宏观调控形势日益严峻, 同时考虑到后备资源开发利用难度大、成本高, 土地需求往往是通过占用耕地

来实现的，耕地保护面临着非常严峻的形势和巨大的压力。优质耕地资源集中在城镇周边，同时这些地方也是工业化、城镇化发展程度较高的地区，这些区域将存在人口与产业建设用地空间限制。至 2015 年，江苏沿海地区耕地总面积 167.27 万 hm²，占沿海地区总面积的 47.66%。随着沿海发展战略的深入实施，沿海地区各项基础设施建设和节点区域建设将不断加速。尤其是外向型经济的发展壮大，必将吸引大量工业企业、配套设施向沿海地区集中，沿海地区将迎来需要以大量用地为支撑的建设与发展高峰期，即便是维持现有耕地，难度也是非常之大。

2. 存量建设用地空间布局与发展节点位置不匹配

江苏沿海地区存量建设用地大多是盐田，与规划节点内的港口、港区和港城在空间位置上不重叠，难以通过节点区域的大规模集聚开发高效利用这类区域；另外，沿海地区工业企业相对少，特别是基础设施、公用设施尚未完善，招商引资比较困难，随着沿海开发进一步加强，建设用地需求必将大幅增强。因此，在未来沿海土地开发利用过程中，应严格控制新增建设用地总量，利用沿海开发的有利时机积极盘活存量用地，不断提高存量建设用地的利用效益。

3. 建设用地存在低效利用，土地集约利用水平有待提高

江苏沿海地区土地集约利用水平目前仍比较低，有待进一步提高。例如，2014 年盐城市沿海地区 5 个县(市)的单位建设用地 GDP 水平为 50.69 万元/hm²，低于盐城市 67.77 万元/hm² 的平均水平，其中响水县最低，仅 35.43 万元/hm²；江苏沿海地区的单位建设用地固定资产投入水平为 27.81 万元/hm²，低于全市平均水平；江苏沿海地区人均建设用地为 723.02 m²，高于全市人均用地水平 565.04 m²。

经济长期落后使得江苏沿海各地区国土部门在土地监管尤其是农村建设用地监管上的投入有限。例如，盐城市 2011 年城镇用地、农村居民点用地和交通运输用地共计 192 547 hm²，人口 816.1 万人，人均建设用地 235.9 hm²。其中，农村居民点 138 172.4 hm²，农村人口 398.1 万人，人均农村建设用地 347.1 m²，远大于《镇规划标准》(GB 50188—2007)所规定的 140 m²/人的标准，这显示其农村建设用地利用方式粗放，内部挖掘潜力大。但与苏南相比，盐城市并没有充足的财政收入用以安置拆迁农民、建设新型农村社区、配套相关的基础设施与基本公共服务，农村居民点的拆迁难度较大。

4. 滩涂和盐田等后备资源丰富，但利用效率较低

江苏沿海地区沿海滩涂资源丰富，面积广阔，如盐城市海岸线为 582 km，占

江苏全省的 74%,滩涂资源接近 46 万 hm²,分别占全省的 70%,全国的 14%。历经三轮百万亩滩涂开发工程,有效增加了农业供给,推进了港口建设和临港产业发展,有力支持了盐城市经济发展。但是在滩涂开发利用中仍然存在许多问题。一是滩涂围垦开发利用效率有待提高。目前滩涂开发多为传统的种植、养殖业,开发利用层次低,更存在"围而不垦"现象,资源综合利用效率不高。二是滩涂围垦开发利用机制有待完善。缺乏总体规划引领,政府调控力度不够,管理不规范,有效的投融资机制尚未建立。三是沿海生态环境岌岌可危。盐城拥有两个国家级自然保护区,全部位于滨海湿地上,近年来,自然保护区缓冲区、核心区被非法围垦造田、建设大型基础设施、开辟养殖水面用于渔业养殖等事件屡次发生。随着沿海开发战略上升为国家战略,大规模、大强度围垦沿海滩涂的同时,大港口大项目纷纷上马,而相关的生态空间配备却远远滞后于建设空间的发展,发展与生态平衡的矛盾愈加激化。

盐城市沿海分布有 11 个盐场,土地总面积为 3.45 万 hm²,其中,盐田面积为 2.42 万 hm²。射阳、大丰、东台等地的盐田沿海滩涂淤长,导致引进海水的配套工程不断拉长,加上近海海水含盐量偏低,盐业成本上升,制盐效益较差,部分盐田已经废弃。然而盐田改良田不仅需要技术,更需要大量资金用以土地的去盐碱化及职工安置,盐田转化周期长、财政负担重、挖潜难度大。

5. 环境状况总体良好,但环境容量压力加大

江苏沿海地区大气和水环境状态总体良好,大部分空气质量在国家二级以上标准,河段水质均达到或优于地表水III类标准。局部地区曾发生过严重的水污染情况。随着工业化城镇化进程的加快,内陆水体与近海环境容量仍存在相对不足的情况,对人口、经济布局和产业发展形成较大制约,在相当一个时期环境压力将处于上升阶段。

江苏沿海地区大多数地区地质环境较为安全,局部地区存在地面塌陷、崩塌和滑坡等突发性地质灾害等情况,局部地区地质环境安全承载力有限。

2.2.3 土地利用的生态环境问题

1. 生态用地呈逐渐减少态势,林地占生态用地的比重在下降

1996~2015 年,伴随着建设用地面积的不断增加,江苏沿海地区生态用地面积总体上呈逐渐减少态势,特别是 2001~2006 年,减少速度较快,2009~2015 年也是呈逐年减少态势,2010 年较 2006 年生态用地面积显著增加,主要是数据统计口径不同导致的,2001~2006 年和 2009~2015 年生态用地面积均呈持续减少的态势。2006 年生态用地面积相较 1996 年减少了 11.38%，减少面积为 97 048.17 hm², 年均减少 9704.82 hm²；2011 年生态用地面积相较 2009 年减少了 1.44%，减少面积为 12 508.57 hm²，年均减少 6254.29 hm²。江苏沿海地区地形地 貌以平原为绝对主导，林地面积相对小，不仅如此，林地占生态用地的比重仍在 不断下降，林地占比由 1996 年的 5.14%减少到 2011 年的 3.21%。

2. 污染负荷压力大，内陆及近岸海域水污染风险依然严峻

受其他发达地区产业梯度转移影响，江苏沿海地区承接的小化工、小印染等 重污染项目较多，现有产业层次低，结构和布局趋同现象严重，结构性污染较为 突出。化工园区及化工集中区数量多、布局散，且入区项目规模小、污染重、治 理难度大，60%左右为染料、医药和农药中间体项目，存在严重的环境风险。江 苏沿海地区经济欠发达，环保投入不足，集中供热、供气、污水处理、生活垃 圾处置等环境基础设施建设滞后，污水收集管网等配套设施不到位。2008 年， 城镇生活污水处理率仅为 45%，大部分县城尚未建立垃圾无害化处理设施，城 镇生活垃圾无害化处理率仅为 57%。江苏沿海地区农业生产仍以粗放型发展模 式为主，农业集约化发展水平低，化肥、农药、除草剂等农用化学品施用强度大， 农业面源污染严重；农村生活污水、生活垃圾和农业废弃物直接入河现象普遍， 严重影响农村环境质量。连云港和盐城地处淮沂沭泗流域下游，承纳了山东、河 南、安徽和江苏西部近 200 万 km² 的上游来水，不仅区域水环境质量受上游客水 制约，饮用水源安全也存在隐患，同时承接上游大量污染物入海，进一步加重了 江苏近岸海域的污染负荷。

江苏沿海地区工业废水和城镇生活污水排放总量为 78 168.5 万 t，占全省排 放总量的 15.4%。从污水构成看，城镇生活污水排放量所占比重较高，占区域废 水排放总量的 64.2%，工业废水排放量占 35.8%。主要污染物中，化学需氧量和氨 氮的排放总量分别为 189 502 t、19 100 t，其中，城镇生活污水排放的化学需氧 量和氨氮分别占总量的 80.4%、84.7%。从区域分布来看，南通化学需氧量和氨 氮排放量较大，分别占江苏沿海地区的 45.3%和 44.8%。2008 年江苏沿海地区农 业面源排放化学需氧量 97 901 t、氨氮 13 483 t。从污染构成看，种植业所占比重 较高，其化学需氧量、氨氮排放量分别占排放总量的 62.5%和 90.8%。从区域分 布看，盐城农业面源污染相对较重，其化学需氧量、氨氮分别占沿海地区的 46.5% 和 47.8%。江苏沿海地区共设置水质监测断面 174 个，2008 年Ⅲ类以上水质监 测断面共计 91 个，占所有监测断面的 52.3%；满足地表水环境功能区划要求的断 面共计 128 个，断面达标率为 73.6%，其中，盐城断面水质达标率较高，其次为 连云港和南通，三者断面达标率分别为 79.0%、73.1%和 66.7%。区域主要污染 因子为化学需氧量、氨氮和总磷。江苏沿海地区县级以上集中供水除灌南县以

地下水为饮用水源外，其余均以地表水为饮用水源，取水水源有 14 处，供水水厂有 20 座。2010 年，连云港和南通饮用水源水质达标率均为 85%，盐城饮用水源水质达标率为 89.6%，饮用水源地水质整体偏低。

江苏沿海地区 26 条主要入海河流河口水域水质介于Ⅱ类～劣Ⅴ类，水质类别符合或优于地表水环境质量标准Ⅲ类标准的断面 12 个，占总数的 46.2%，水质类别处于Ⅳ类、Ⅴ类、劣Ⅴ类的断面分别占总数的 26.9%、7.7% 和 19.2%。主要污染物为高锰酸盐、石油类、溶解氧和氨氮。江苏沿海地区近岸海域分布有 24 个海水水质测点位，2010 年海水水质介于Ⅰ类～Ⅳ类，有 14 个测点海水水质符合或优于海水水质标准的Ⅱ类标准，Ⅰ类、Ⅱ类海水比例分别达到了 21.4% 和 50.0%。12 个主要近岸海域功能区，有 9 个达标，达标率为 75.0%，主要污染因子为活性磷酸盐、无机氮和化学需氧量。2015 年近岸海域 24 个海水水质测点中，符合或优于《海水水质标准》（GB 3097—1997）Ⅱ类标准的测点比例为 58.3%，Ⅲ类标准的测点比例为 41.7%，无Ⅳ类海水。与 2012 年相比，Ⅱ类测点比例下降 4.2 个百分点。12 个近岸海域环境功能区中，有 10 个海水水质达标，达标率为 83.3%，与 2012 年持平。15 个近岸海域海洋沉积物环境质量测点中有 9 个符合《海洋沉积物质量》（GB 18668—2002）Ⅰ类标准，占总数的 60.0%，较 2012 年下降 13.3 个百分点。31 个主要入海河流监测断面中，水质符合《地表水环境质量标准》（GB 3838—2002）Ⅲ类标准的断面占 35.5%，Ⅳ～Ⅴ类标准的断面占 51.6%，劣Ⅴ类标准的断面占 12.9%。

3. 滩涂面积不断减少，围垦利用效率和机制有待提升

1996～2015 年，伴随着建设用地面积的不断增加，江苏沿海地区滩涂面积总体上呈逐渐减少态势，特别是 2003～2006 年，减少速度较快，2009～2015 年也呈逐年减少态势，2009 年较 2006 年滩涂面积略有增加，主要是数据统计口径不同导致的，2003～2006 年和 2009～2015 年滩涂面积均呈减少态势。2006 年滩涂面积相较 1996 年减少了 28.66%，减少面积为 120 063.46 hm^2，年均减少 12 006.35 hm^2；2015 年生态用地面积相较 2009 年减少了 2.62%，减少面积为 8600.72 hm^2，年均减少 1433.45 hm^2。

沿海滩涂开发多为传统的种植业和养殖业，开发层次不高、利用方向单一，资源综合利用效率不高，滩涂围垦开发利用效率有待提高。缺乏总体规划引领，政府调控力度不够，管理不规范，有效的投融资机制尚未建立，滩涂围垦开发利用机制有待完善。对围垦造成的生态环境影响重视不够，保护措施不力，近海生态环境问题日益突出，对滩涂资源的持续利用和滩涂经济的持续发展带来直接影响，沿海生态环境保护有待加强。

4. 土壤污染在少数区域有累积并呈加重趋势

江苏省土壤污染状况调查结果显示，江苏沿海地区土壤环境质量总体良好，局部地区存在污染现象。影响土壤环境质量的主要无机指标为镍、镉、汞、钒、锰等，有机指标为多环芳烃、滴滴涕和酞酸酯。土壤中重金属污染总体较轻，大部分区域土壤中金属元素检出浓度较低，但与"十五"全国土壤污染调查背景值相比，砷、镉、硒等元素在少数区域有累积并呈加重趋势。南通、盐城和连云港不同区域污染物的种类表现出较明显的差异性。据江苏省多目标区域地球化学调查评价结果，江苏沿海地区连云港、盐城和南通三市农田土壤环境的重金属污染程度存在一定差异，总体来看，江苏沿海地区农田土壤基本不存在中等以上的重金属污染。江苏沿海地区农田土壤环境重金属污染现状见表2.3：连云港农田土壤环境的重金属中等污染比例为0.32%，重污染比例为0.27%，合计为0.59%；盐城农田土壤环境的重金属中等污染比例为0，重污染比例为0.11%，合计为0.11%；南通农田土壤环境的重金属中等污染比例为0.19%，重污染比例为0.05%，合计为0.24%；而江苏省农田土壤环境的重金属中等污染比例为1.71%，重污染比例为1.02%，合计为2.73%。可见，江苏沿海地区农田土壤环境的重金属中等污染和重污染的比例远小于江苏省平均水平；3个市中以盐城农田土壤环境中的重金属比例为最低，其次为南通，连云港排第三。

表2.3　江苏沿海地区农田土壤环境重金属污染现状

地区	清洁		尚清洁		轻污染		中等污染		重污染	
	面积/km²	比例/%	面积/km²	比例/%	面积/km²	比例/%	面积/km²	比例/%	面积/km²	比例/%
连云港	2 093	28.21	1 930	26.01	3 353	45.19	24	0.32	20	0.27
盐城	5 966	40.32	7 873	53.21	941	6.36	0	0	16	0.11
南通	3 269	38.18	4 688	54.76	584	6.82	16	0.19	4	0.05
江苏省	24 063	25.34	48 344	50.91	19 961	21.02	1624	1.71	969	1.02

江苏沿海地区土壤环境问题主要表现如下。

耕地生态环境质量退化比较明显，土壤重金属污染形势更趋严峻，局部镉、汞、铅、砷等污染是导致耕地质量下降的主要原因，如连云港土壤重金属污染达到轻污染级别的比例占45.19%，是江苏省平均水平21.02%的2倍多。

重污染企业周边土壤污染严重，存在健康和生态风险。部分工业园及周边地区土壤镉和铅污染，油田、采矿区及周边地区土壤砷、铅污染，以及重污染企业地区土壤镉、汞、铅和锌污染问题突出。

搬迁企业遗留或遗弃场地土壤存在严重环境安全隐患。"十二五"期间,随着城镇化加快和产业结构调整,城区大量化工企业搬迁或关停,部分化工遗留或遗弃场地的土壤污染严重,尚未纳入有效管理,存在健康风险,这类场地土地再开发利用存在的环境风险不容忽视。

污灌区土壤污染威胁农产品安全。污灌区土壤存在不同程度的健康风险和生态风险,部分污灌区土壤污染严重,已经影响到农产品安全,污灌区重度污染区农产品中存在超标现象。

5. 废气排放量较大,二氧化硫、可吸入颗粒物和酸雨为主要污染指标

2008 年江苏沿海地区共排放工业废气 2344.6 亿 m^3,占全省排放总量的 9.9%。从废气构成看,燃烧废气排放量较大,占排放总量的 75.0%。主要污染物中,二氧化硫排放量居主导地位,其次是烟尘和工业粉尘。江苏沿海地区二氧化硫排放量为 135 003.1 t,仅占全省排放总量的 11.8%。从区域分布来看,南通二氧化硫和烟尘排放量较大,分别占江苏沿海地区的 53.4%和 60.4%,盐城工业粉尘排放量较大,占江苏沿海地区的 71.1%。江苏沿海城市主要污染物中,除盐城可吸入颗粒物浓度年均值超过二级标准限值外,连云港和南通各项指标均明显优于环境空气质量二级标准。连云港空气质量级别属于优秀或良好的天数占全年总天数的比例为 91.5%,其次为南通和盐城,分别为 89.1%和 81.1%。区域主要污染因子为可吸入颗粒物。江苏沿海地区降水年均 pH 范围在 3.80~7.84。南通酸雨发生率最高,达 49.1%,降雨的 pH 最小值为 3.80;连云港次之,酸雨发生率为 27.7%,pH 最小值为 4.72;盐城市未监测到酸雨。

2.3　建设用地开发的时空特征

2.3.1　时间特征

1. 开发增量分析

1985 年、1995 年、2005 年、2015 年江苏沿海地区建设用地总面积分别为 3576.1 km^2、3986.1 km^2、4063.3 km^2、5171.9 km^2(表 2.4,图 2.4)。1985~2015 年,建设用地增量为 1595.8 km^2,其中南通增量最多,为 861.1 km^2。其中,1985~1995 年江苏沿海地区建设用地扩张增量为 410.0 km^2,其中盐城扩张最大,面积达到 218.8 km^2,连云港为 55.4 km^2,仅为盐城的 25.32%。1995~2005 年,江苏沿海地区建设用地扩张增量最小,为 77.2 km^2。2005~2015 年为建设用地快速扩张期,扩张面积为 1108.6 km^2,其中南通为 624.9 km^2,大于盐城和连云港的

242.5 km^2 和 241.2 km^2，基本上与三市经济发展水平一致，说明城镇扩张和工业发展，以及由此带来大量人口集聚都会强烈驱动对建设用地的需求。

表 2.4　江苏沿海地区建设用地面积和变化　　　　　　（单位：km^2）

时期	南通	盐城	连云港	江苏沿海地区
1985 年	360.1	1 642.1	1 573.8	3 576.1
1995 年	496.1	1 860.9	1 629.2	3 986.1
2005 年	596.3	1 812.5	1 654.5	4 063.3
2015 年	1 221.2	2 055.0	1 895.7	5 171.9
1985~1995 年	136.0	218.8	55.4	410.0
1995~2005 年	100.2	−48.4	25.3	77.2
2005~2015 年	624.9	242.5	241.2	1 108.6
1985~2015 年	861.1	412.9	321.9	1 595.8

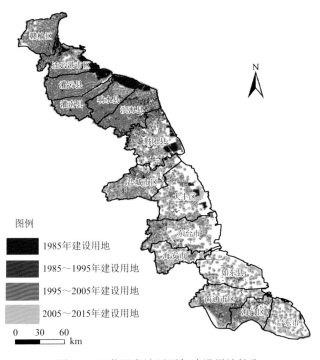

图 2.4　江苏沿海地区历年建设用地扩张

2. 扩张速率分析

因所用数据时间跨度不一，单纯从各时段扩张量来分析，可以刻画各市间建设用地扩张的差异性，但不能有效地进行各时段间的相互比较，因而引入建设用地扩张速率（CSR）指标。

CSR 为研究区内各空间单元中建设用地的年均增长比例，表征建设用地扩张的快慢特征。

$$\mathrm{CSR}_{it} = \frac{C_{i(t+1)} - C_{it}}{C_{it} \times \Delta t} \times 100\%$$

式中，CSR_{it} 为 i 空间单元在 $t \sim t+1$ 时段建设用地的扩张速率；$C_{i(t+1)}$ 和 C_{it} 分别为 i 区间在 $t+1$ 年和 t 年建设用地面积；Δt 为 $t \sim t+1$ 时间跨度。

依据上式，计算江苏沿海地区建设用地扩张速率，所得结果如图 2.5 所示。从各市间对比来看，1985～1995 年，江苏沿海地区建设用地增速为 2.3%，南通、盐城和连云港增速依次递减，分别为 7.6%、2.7% 和 0.7%；1995～2005 年，江苏沿海地区的建设用地扩张增速较慢，只有 0.4%，这一时期，南通继续保持较高的扩张速度，达到 4.0%，而连云港和盐城只有 0.3% 和–0.5% 的增速，建设用地面积近乎停止增长；2005～2015 年，江苏沿海地区各市建设用地扩张速度急剧上升，其中南通建设用地扩张增速高达 21.0%，远远快于盐城和连云港的 2.7% 和 2.9% 的增速，整个江苏沿海地区建设用地扩张增速为 5.5%，大大快于 1985～1995 年和 1995～2005 年两个时间段。从整体来看，1985～2015 年，江苏沿海地区建设用地扩张增速值为 6.2%，南通为 14.1%，快于盐城和连云港两市 4.0% 和 3.4% 的增速，这基本上说明南通经济发展远快于其他两市，对建设用地的需求量较大。

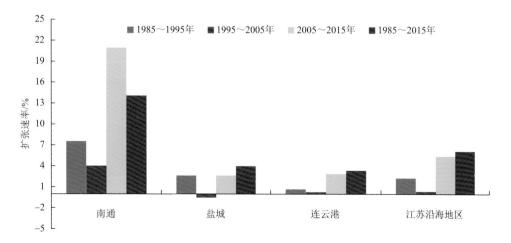

图 2.5　江苏沿海地区建设用地扩张速率

3. 扩张强度分析

建设用地指标的设定，均以市域为基本单元，而市域总面积不同，建设用地指标及建设用地扩张速率有所差异，因而本书引入建设用地扩张强度指数（SII）（马荣华和杨桂山，2004）来表征不同空间上建设用地扩张特征，进而分析其时空差异性。

$$\text{SII}_{it} = \frac{C_{i(t+1)} - C_{it}}{A_i \times \Delta t} \times 100\%$$

式中，SII_{it} 为 i 区间在 $t \sim t+1$ 时段建设用地扩张强度指数；$C_{i(t+1)}$ 和 C_{it} 分别为 i 区间在 $t+1$ 年和 t 年建设用地面积；A_i 为 i 区间总面积；Δt 为 $t \sim t+1$ 时段长度。

依据上式，所得江苏沿海地区各市建设用地扩张强度指数如图 2.6 所示。从各市间对比来看，1985～1995 年，江苏沿海地区的建设用地扩张强度指数为 0.2%，区域内部的南通和盐城均不足 0.3%，连云港市的建设用地扩张强度指数略低，不足 0.2%。1995～2005 年，江苏沿海地区和各市的建设用地扩张强度指数显著低于其他时期，整体上的建设用地扩张强度指数不足 0.1%，其中南通的建设用地扩张强度指数最大，为 0.2%，高于盐城和连云港的-0.06%和 0.07%，盐城和连云港两市的建设用地扩张近乎停滞。2005～2015 年，江苏各市建设用地扩张强度指数均大幅上升，其中南通增幅最大，连云港次之，而盐城增幅最小，此时段三市间的差距依然较为显著，但是整体变化趋势仍是以南通建设用地空间扩张最为强烈，扩张强度将上升至约 1.3%，呈"一枝独秀"之势。从区域整体来看，1995～2005 年建设用地扩张强度指数较前期稍有下降，但 2005～2015 年急剧上升，呈现"U"形变化趋势。南通建设用地扩张强度指数远高于盐城和连云港，而两市之间建设用地扩张强度指数差距较小，整体低于江苏沿海地区平均水平。

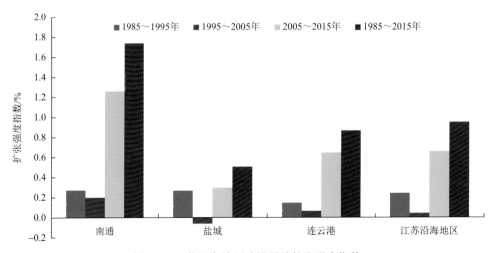

图 2.6 江苏沿海地区建设用地扩张强度指数

2.3.2　空间特征

目前城市空间扩张过程的研究，大都在"格局-过程-机理-效应"的地理学研究范式下进行（冷疏影等，2001）。研究城市扩张的空间格局，分析城市扩张的空间关联性是城市扩张研究中的重要内容之一。地理事物空间格局的时空变化研究需要基于中小尺度空间单元的关联性去探寻大尺度空间的结构性（Sester，2000）。通过空间关联分析模型及 ArcGIS 可视化表达，可以定量研究地理变量的空间分布状况、空间集聚分散模式、"热点区"和"冷点区"聚簇等空间格局特征（马晓冬等，2004）。

常用的空间分布模式的度量指标有 Moran I 数和 Geary C 指数，其虽具有描述全局空间自相关的良好统计特征，可以用来表明属性值之间的相似程度，以及在空间上的分布模式，但它们并不能区分是高值的空间集聚［高值簇或热点（hot spots）］，还是低值的空间集聚［低值簇或冷点（cold spots）］，有可能掩盖不同的空间集聚类型，而 Getis-Ord General G 统计量则可以识别这两种不同情形的空间集聚（Liu，2005）。

本书选择 1 km×1 km 的格网作为小尺度空间单元，基于 1 km² 格网中建设用地扩张强度，计算全局 Moran I 和 Getis-Ord G_i^*，以揭示江苏沿海地区建设用地扩张的集聚分散程度变化及扩张"热点区"和"冷点区"的时空差异性（Anselin，2010），为江苏沿海地区建设用地的空间扩张过程的优化调控提供支撑。

1. 开发集聚度分析

全局 Moran I 数用于衡量相邻的空间分布对象属性取值之间的关系，取值范围为[–1, 1]，正值表示该空间实体的属性值分布具有相似性（正相关性），负值表示该空间实体的属性值分布具有相异性（负相关性），0 表示该空间实体属性值间没有空间相关性，即空间随机分布。计算公式如下：

$$I = \frac{n\sum\limits_{i=1}^{n}\sum\limits_{j=1}^{n}w_{ij}(x_i-\bar{x})(x_j-\bar{x})}{\left(\sum\limits_{i=1}^{n}\sum\limits_{j=1}^{n}w_{ij}\right)\sum\limits_{i=1}^{n}(x_i-\bar{x})^2}$$

式中，n 为评价单元数量；x_i 和 x_j 分别为空间对象在第 i 和第 j 两点的属性值；$\bar{x}$ 为 x 的平均值；空间权重矩阵元素 w_{ij} 为空间对象在第 i 和第 j 两点之间的连接关系。

本书以 1 km² 格网中建设用地扩张强度作为评价单元数据属性值，设定权重搜索半径为 2 km，在 ArcGIS 中运用 Spatial Autocorrelation（Moran I）工具计算，所得结果如图 2.7 所示。1985～1995 年、1995～2005 年、2005～2015 年和 1985～

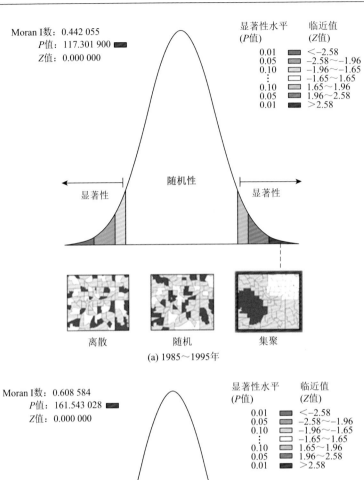

(a) 1985～1995年

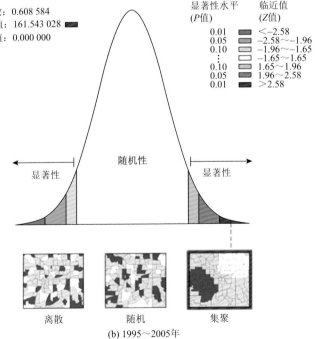

(b) 1995～2005年

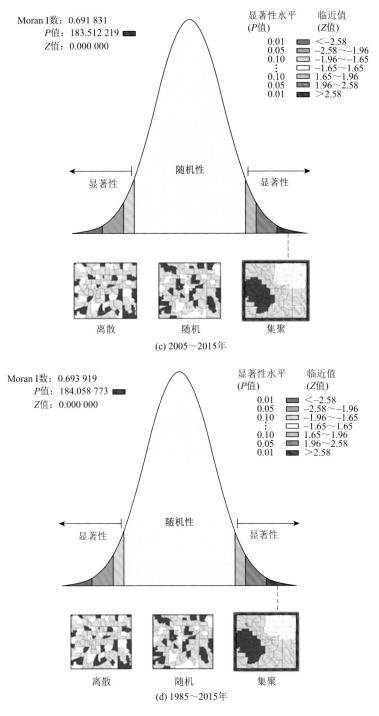

图 2.7　江苏沿海地区建设用地扩张集聚度变化

2015 年四个时段建设用地扩张强度空间自相关的正态分布统计检验都通过了 99%
的可信度检验，而且 Moran I 数全为正数，因此江苏沿海地区建设用地的扩张具
有显著的空间正相关性，即建设用地空间扩张呈现出集聚态势，但各时段集聚程
度不尽相同。1985～1995 年，Moran I 数高达 0.442 055，建设用地扩张集聚度
较高；1995～2005 年，Moran I 数大幅上升至 0.608 584，建设用地扩张集中于较
多栅格中，空间分布集聚度提高明显；2005～2015 年，Moran I 数又缓慢上升至
0.691 831，因为此时段建设用地扩张总量较大，空间布局再次呈现出高度集聚的
态势。从整体上看，1985～2015 年中，Moran I 数 0.693 919，说明江苏沿海地区
建设用地空间扩张空间高度集聚。

2. 开发热点区分析

Getis-Ord G_i^* 用以探测和识别建设用地空间扩张的"热点区"和"冷点区"
空间分布，其定义式为（马晓冬等，2008）：

$$G_i^*(d) = \frac{\sum_j^n w_{ij}(d)x_j}{\sum_j^n x_j}$$

式中，d 为空间权重矩阵的距离阈值；$w_{ij}(d)$ 为以距离规则定义的空间权重；x_j 为
格网 j 的建设用地扩张强度指数。

为了便于解释和比较，对 $G_i^*(d)$ 进行标准化处理：

$$Z(G_i^*) = \frac{G_i^* - E(G_i^*)}{\sqrt{\text{Var}(G_i^*)}}$$

式中，$E(G_i^*)$ 和 $\text{Var}(G_i^*)$ 分别为 G_i^* 的数学期望和方差。如果 $Z(G_i^*)$ 为正且显著，
表明位置 i 周围的值相对较高（高于均值），属高值空间集聚区（"热点区"）；反
之，如果 $Z(G_i^*)$ 为负且显著，则表明位置 i 周围的值相对较低（低于均值），属于
低值空间集聚区（"冷点区"）。

本书以 1 km 格网中建设用地扩张强度作为评价单元数据属性值，设定权重搜
索半径为 2 km，在 ArcGIS 中运用 Hot Spot Analysis（Getis-Ord G_i^*）工具计算，所
得结果如图 2.8 所示。

1985～1995 年，江苏沿海地区建设用地扩张比较集中，南通市区、盐城市
区和连云港市区为扩张的"热点区"，与《江苏沿海地区国土空间规划》中的沿海城
市群空间分布基本相吻合。江苏沿海三市市区外围的如东、大丰与东台等县（市、
区）建设用地扩张"热点区"分布很少；1995～2005 年，沿海地区建设用地扩

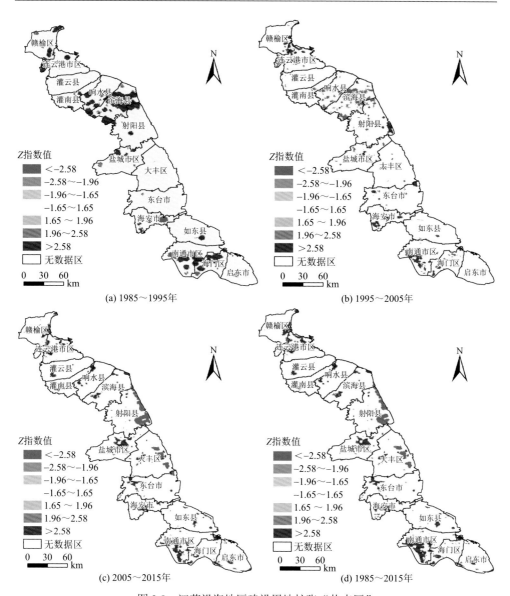

图 2.8 江苏沿海地区建设用地扩张"热点区"

张趋于分散化、破碎化,整体上扩张的"热点区"较上一时期有所缩小,尤其是区位条件较差的滨海、响水等县,建设用地扩张较弱,成为"冷点区",但是南通市区、连云港市区由于城镇化和工业化的驱动,依旧是城市建设用地空间扩张的"热点区";2005~2015 年,沿海建设用地扩张呈现出"核心—外围"的态势,扩张的"热点区"主要分布于南通、盐城和连云港等中心城区,周边的如东、射阳、灌云等地的扩张区域面积分布较小。从整体上看,1985~2015 年,江苏沿海地区建设用地扩张沿着烟（烟台）沪（上海）线（江苏段）分布的趋势进一步增强，而沿海岸线分布的趋势有所减弱；江苏沿海三市中心城区的周边建设用地扩张"热点区"较多，而外围的县（市、区）建设用地扩张"热点区"较少。此外，南通市内的建设用地扩张呈现集群连片分布的特征，而盐城和连云港两地境内建设用地扩张多是围绕城镇呈点状分布的特征，基本上与地区经济发展、工业扩张与集聚外来人口的能力相一致。

第3章 江苏海岸线生态安全与开发利用问题

3.1 海岸线生态安全问题

3.1.1 地质灾害

江苏沿海地区是地质灾害多发地区之一，地质环境条件较复杂，近年来，人类工程活动，尤其对于矿业活动较为强烈，由自然因素和人为活动引发的地面塌（沉）陷、崩塌和滑坡等灾害时有发生，对人民生命财产构成了一定的威胁，对国民经济持续发展和社会稳定造成了一定的影响（图3.1）。

拍摄：杨清可
时间：2018-01-24 16:07:53 海拔：4.1 m
经纬度：119.380 01°E 34.685 64°N
地址：江苏省连云港市连云区仙霞山路

拍摄：杨清可
时间：2018-01-24 16:07:56 海拔：4.1 m
经纬度：119.380 01°E 34.685 64°N
地址：江苏省连云港市连云区仙霞山路

图3.1 连云港朝阳镇西庄村山体滑坡

1. 地面塌（沉）陷

地面沉降主要分布在江苏沿海广大平原区。截至2015年底，江苏沿海地区地面沉降总体呈现减缓趋势，大部分地区地面沉降速率小于5 mm/a，局部地区地面沉降较为严重，其中盐城市区及其南部地区地面沉降速率总体趋缓，盐城北部和连云港南部地区地面沉降仍较为严重，最大沉降速率达到35 mm/a；南通市通州区一带最大地面沉降速率达到50 mm/a，导致区域内民宅和建筑受到损坏，道路及地下管线等市政设施遭到破坏，农田水利设施不能发挥应有功能，土地资源严重毁损，造成巨大的经济损失。

江苏沿海地区中连云港市地面塌陷最为严重，均为采空地面塌陷，由地下开采磷矿引发。截至 2015 年，全市已发生采空地面塌陷灾害 3 处，塌陷总面积约为 0.093 km^2，分布于锦屏磷矿和大浦磷矿矿区范围。地面塌陷大幅降低地面标高，直接破坏土地资源、生态环境和建筑设施，还可能引发崩塌、滑坡等地质灾害，甚至造成人员伤亡。

2. 崩塌

崩塌是江苏沿海地区常见的地质灾害类型之一，主要分布于北部低山丘陵区，一般为岩质，大多与修路切坡、傍山建房、矿业开发等人类工程活动密切相关。崩塌具有普遍性、突发性、规模小的特点，多发生于雨季。虽然崩塌时有发生，但据统计损失较小，没有人员伤亡，受灾体以公路和房屋为主。

3. 滑坡

滑坡也是江苏沿海地区常见的地质灾害类型之一。受沿海地区地形地貌条件的限制，滑坡仅在北部连云港低山丘陵区偶有发生，一般规模较小，远离人群，轻易不会造成损失。截至 2015 年底，连云港市共有滑坡地质灾害隐患点 92 处，规模较小，主要分布在连云港市的在云台山、锦屏山、赣榆区的西北部、东海县的羽山、房山、安峰山以及灌云县的大伊山等低山丘陵地带。

4. 特殊类岩土

特殊类岩土主要包括软土和砂土。软土以淤泥质粉质黏土为主，主要分布在江苏沿海的平原区，埋藏较浅，厚度变化大，从小于 5 m 到大于 30 m 不等；砂土主要包括粉砂、粉细砂、粉土、粉土夹粉质黏土或互层，广泛分布于省内平原区，厚度为 5～25 m，南通地区厚度达 30 m 以上。连云港市软土主要分布于东部平原地区，岩性为淤泥和淤泥质粉质黏土，埋深为 0.2～11.8 m，厚度为 0.6～34.0 m。

软土富含有机质，具有含水量高、压缩性高、承载力低等特点，工程地质性质差。工程建设中，软土作为天然地基时可能引起不均匀沉降，导致地基变形，危害到建筑工程的正常使用，甚至基础的过量沉降会导致建筑工程破坏，造成重大经济损失；在进行基坑开挖等工程活动时可能发生边坡坍塌事故。地震发生时，软土易产生震陷，导致地基失稳，是抗震不良层。

3.1.2 水资源生态

1. 洪水威胁

江苏沿海地区河流洪涝灾害与区域降水密切相关。根据江苏沿海地区所属地

市水文部门 1960～2010 年降水量观测资料,江苏沿海地区年平均降水量(图 3.2)
年际变化较大,最大年降水量可达 1637 mm(1991 年),而最小年降水量仅为
816 mm(1978 年),且降水量年际变化呈现波动趋势。根据江苏沿海地区多年月
平均降水量情况(图 3.3),江苏沿海地区降水年内分配不均,汛期(6～8 月)径
流量占全年径流量的 50%以上,造成本地区多雨季节容易形成洪涝,少雨季节时
又会出现河湖湿地蓄水不足的情况,影响工农业生产。据史料记载,自中华人民
共和国成立以来,江苏沿海地区共发生 4 次重大洪涝灾害,造成了巨大的财产损
失,此外,江苏沿海地区对河流进行了大量的工程化措施处理,如堤岸固化、修
建水闸、河道渠化、裁弯取直等洪水控制方案,减弱蓄滞洪水的能力,一旦发生
决堤,必然造成大面积的财产损失,所以应对江苏沿海地区可供调洪和滞洪的河
流、湿地、水库等进行重点保护。

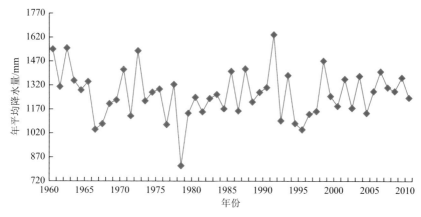

图 3.2   江苏沿海地区 1960～2010 年年平均降水量

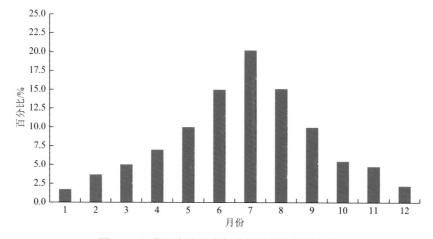

图 3.3   江苏沿海地区多年月平均降水量百分比

2. 饮用水源受到污染

江苏沿海地区地表水均为季节性河流，季节性河流的特点很明显，长期以来的农业不合理利用，部分地表水径流已经出现了断流现象，同时地下水漏斗不断扩大；河湖两岸及泄洪区范围内建设量不断加大，河湖泄洪受到严重影响；城市中大量未经完全处理的工业废水、生活废水的排放及固体垃圾的不合理堆放，使沿海地区各城市的饮用水源地均受到不同程度的污染。

江苏沿海地区外来引水水源部分受到污染。据监测，区域外来引水水源中长江三江营水质良好，且保持稳定。但沂沭泗引水口的新沭河大兴镇口门的水质污染严重，常年水质为劣V类，洪泽湖引水口门总磷也有超标（以湖库标准评价）现象。

水源地水质达标率普遍偏低。2010年江苏沿海地区监测的各饮用水源地中，总体达标率仅为26.5%。各饮用水源地中，仅禁止开发区、缓冲区达标率分别为80%、50%，其余饮用水源地外围达标率为0%～34%，达标率普遍较低，距离2015年饮用水源地水质目标仍有不小距离。

江苏沿海地区河道水质污染形势严峻，开发区淡水资源保障问题突出。江苏沿海地区水质优于III类水的比例仅为22.7%。江苏沿海开发区包括港区经济尚处于起步阶段，建设项目的准入门槛偏低，加之苏南浙江等发达地区重污染企业向沿海地区转移，结构性污染问题较为突出，污染控制措施不到位使沿海开发区内河道污染严重，淡水资源保障问题突出。

3.1.3 风暴潮

1. 对海堤等工程设施造成的破坏

风暴潮伴随着巨大的海浪，对江苏沿海地区的沿岸工程、工业设施、沿岸道路和海堤等造成了严重的破坏。以1997年11号强台风引发的风暴潮为例，11号强台风在江苏境内肆虐长达48 h之久，风、雨、潮三害并举，造成严重损失。全省江海堤防损毁达331 km，损坏护坡808处，决口27处，损失土方565万 m^3，石方60万 m^3。全省直接经济损失达53.4亿元，其中水利工程损失达5.4亿元，对江苏沿海各垦区工程设施造成的损失见表3.1。

表3.1　风暴潮对江苏沿海各垦区工程设施造成的损失

受灾地区	灾情
启东市寅兴垦区	部分鱼塘堤岸被毁，部分高压线路倒塌，房屋、篱笆也有几十处倒塌
海门市海门盐场	水库、虾池、护坡倒塌1200 m^2，损坏房5间，供电、通信线路刮断，刮坏塑苫布58 000 m^2
如东县凌洋垦区	损坏混凝土护坡1.76万 m^2，砌块石0.4万 m^2，草皮2.5万 m^2，流失土方5万 m^3

受灾地区	灾情
盐城市三仓垦区	海堤损坏严重，破坏水泥驳坡段 500 m
灌云县燕尾垦区	渔网损失，海堤冲破，经济损失达 2000 万元
盐业公司垦区	损坏房 55 间，塑料布 28 t，冲毁 11 岸堤，经济损失 809 万元
灌西盐场	潮水位高达 4.25 m，风速为 26 m/s 以上，房屋、海堤、通信输电线路损坏
赣榆县柘汪镇垦区	7000 m 海堤全线崩溃，倒塌石方 10 万 m²，受灾面积 181 hm²
赣榆县海头镇垦区	冲毁虾塘 32 hm²，冲毁海堤 3 km
赣榆县柘汪镇秦沙养殖场	海堤损失严重，破坏水泥驳坡段 500 m
高公岛对虾三场	890 m 海堤倒塌，370 m 内围土堤冲垮，直接经济损失 180 万元
云台区徐圩盐场	大部分海堤冲成险堤，损失 50 万元，海堤损坏的直接损失达 1400 万元

2. 对海岸侵蚀造成的危害

江苏海岸侵蚀性岸段的长度为 194.7 km，占江苏海岸总长度的 20.4%；加上海岸剖面上部淤积、下部冲刷的过渡型海岸长度 76.9 km，侵蚀岸段总长度达 271.6 km，占海岸总长度的 28.5%。如果加上几乎属于侵蚀岸段的沙质海岸，侵蚀岸段长度达 301.7 km，占 31.6%，即几乎 1/3 的江苏海岸处于侵蚀状态。江苏四段侵蚀海岸（废黄河三角洲海岸、弶港海岸、吕四海岸及海州湾的沙质海岸）的侵蚀机制各有不同，但是其突发性的蚀退均是在风暴潮时发生的，台风风暴潮是造成岸滩侵蚀的主要动力。例如，1981 年 14 号台风使海州湾北部的沙岸后退 110 m。东灶港至新港 3200 m 以内的海滩上，冲走泥沙近 678 万 m³，在 1981 年 7 月～1982 年 6 月，同一地区冲走的泥沙总量也高达 688 万 m³。一次大风暴潮可使弶港局部岸段后退数十米，造成海堤的溃决。

需要指出的是，全球海平面上升这一重大的环境变化已被公认。根据我国沿海各验潮站所在海区的观测值，得出这样的结论：截至 2001 年，我国沿海各海区海平面变化速率不同，南海、东海上升速率大于黄海、渤海，且以江苏、上海、浙江沿岸为最大，其中江苏沿海地区海平面的平均上升速率为 0.22 cm/a。海平面上升将导致风暴潮及风暴浪的强度增大，频率增加，使得海岸被侵蚀的强度和概率也会随之大大增加，对江苏沿海地区开发建设造成严重威胁。

3. 对沿海渔业生产和盐田造成的损失惨重

风暴潮灾害危害海岸带并向陆地纵深发展，对沿海渔业生产造成严重的危害，使沿海地区的人工养殖遭受巨大的损失，渔船等海上捕捞和海上运输受到阻碍，甚至给渔民的生命安全带来了威胁。风暴潮导致的海水入陆在江苏省少则几千米，多则几十千米，以致淹没沿海的盐田，使大部分盐田被淌化，造成惨重的经济损失。

3.1.4　游憩水土景观

近年来的快速城市化过程对江苏沿海地区游憩水土景观构成了巨大的威胁，主要表现在以下几个方面。

（1）江苏沿海地区许多连续的水土生态景观被高速公路、铁路等切断，独特的乡土游憩资源和游憩过程受到破坏。

（2）江苏沿海地区当前游憩资源开发建设还停留在传统资源型开发和传统旅游建设方面。开发者只看重自然资源本身的吸引力和经济价值，而忽略了生态基础设施和配套服务设施的建设完善。对游憩资源的特色挖掘不够，开发建设较为粗浅。例如，游憩旅游项目出现低水平的重复开发；水源地保护区缺乏划定，存在安全隐患；地方民俗游憩的体验方式粗浅单一，农业旅游产业有待转型与提升。

（3）江苏沿海地区滩涂围垦、环境污染、滨海围海造地等对当地生态系统造成了巨大破坏，使原有生物栖息地遭受破坏，生物多样性降低，水土景观可观赏度降低。

3.1.5　滩涂湿地

1996～2015 年，根据江苏省土地利用调查变更数据，江苏沿海地区滩涂面积总体上呈逐渐减少态势，2006 年滩涂面积相较 1996 年减少了 28.7%，减少面积为 1200.6 km²，年均减少 120.1 km²。特别是 2001～2004 年，减少速度较快，年均减少面积为 327.5 km²；2005～2008 年也是呈逐年减少态势，而 2009 年较 2008 年滩涂面积略有增加，主要是数据统计口径不同导致的，两个时间段滩涂面积均呈减少态势（图 3.4）。

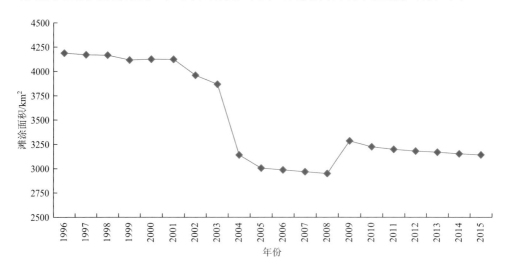

图 3.4　1996～2015 年江苏沿海地区滩涂面积变化

3.2　海岸线开发利用问题

3.2.1　滩涂、湿地围垦强度大，海岸线资源减少

随着海洋产业的迅猛发展，浅海滩涂已经成了海洋开发行业聚集的重要场所，并且随着它的开发利用，也产生了巨大的社会效益。2009 年，江苏省海水可养殖面积为 10.146 万 hm^2，其中滩涂可养殖面积为 5.739 万 hm^2；海盐产量为 17.05 万 t，均在浅海滩涂晒制。在海岸滩涂开发利用中，最突出的是围海造陆和围海造地，改变了海岸线的自然形态，使得原本曲折多变的海岸线变得平直而单调，人工海岸线的比重不断上升，而自然海岸线比重不断下降，导致一些小海湾消失。此外，筑堤围垦也导致了自然环境的恶化，如产生了港口航道淤积、生态环境破坏、区域盐碱化等问题。

尤其对于盐城市，其是江苏及全国沿海滩涂大市，滩涂面积占江苏省沿海滩涂总面积的近 70%，约占全国沿海滩涂面积的 1/7。20 世纪 50 年代以来，盐城沿海滩涂围垦面积约为 14.5 万 hm^2，占江苏省滩涂围垦面积的 60% 以上（陈宏友和徐国华，2004）。围填海通常采用海岸直接向海延伸的方法，自然岸线被裁弯取直，导致自然岸线缩减，其中 20 世纪 50 年代以来，东台市海岸线缩短近 50%；围垦还造成海岸自然景观与近岸海域生态环境破坏，海水动力条件失衡，以及海域功能严重受损，海岸的自然属性发生改变（陈洪全和张华兵，2011）。

3.2.2　海岸线开发对生物生境与多样性造成威胁

长期快速的城市化与工业化进程对研究区中生物生境安全造成了巨大的威胁，主要表现在以下几个方面。

1. 生物栖息地的减少和破碎化

目前江苏沿海地区正处于快速城市化阶段，各种用地类型的数量和结构正处于剧烈的变化过程中，整体景观格局正在重构。在江苏沿海地区的土地利用类型中，林地、园地、水域、草地及城市绿地是生物最主要的栖息地，而建设用地是对生物栖息干扰最大的用地类型。建设用地无序蔓延式增长，必然会导致自然系统的破碎化。尽管在市域尺度上，林地、园地面积有一定幅度的增长，但多为林种结构单一的人工林（2015 年江苏沿海地区中有林地面积为 15 390.7 hm^2，仅占林地总面积的 56.2%，而灌木林地和疏林地合占 40.9%）和受人工管理的经济林，

生态价值有限。因此，从生物栖息地的保护角度看，研究区生物过程在土地利用结构的转变中面临着巨大的考验。

2. 自然保护区网络尚待完善

江苏沿海地区现有自然保护区大多是采用以单个的、孤立的自然保护区为主的生物多样性保护模式，这种保护模式重视保护区内物种、种群和生态系统类型的就地保护，而忽视保护区与外部环境的关系，以及保护区与保护区之间的联系。同时，各个分散分布的自然保护区像孤立的岛屿，彼此之间缺乏有机的联系，更谈不上保护区之间的物质循环、能量流通和信息传递，因此不能有效地保护生态系统的完整性。

3. 景观现状与人工干扰对生物过程的影响

江苏沿海地区目前的景观格局和人工干扰对江苏沿海地区内的生物过程和生物多样性保护具有重要的影响，本书在梳理江苏沿海地区内生物生境及其迁徙特征的基础上，分析了人工干扰对景观格局变化和生物过程的影响，见表3.2。

表 3.2 江苏沿海地区人工干扰对景观格局和生物过程的影响

现状	对景观格局的影响	对生物过程的影响
高等级公路和铁路的建设	江苏沿海地区境内高速公路、国道、省道等近年来发展很快，路网密度有极大提高	大规模的道路建设使生物生境日益破碎化，同时道路对生物在不同生境中的迁移产生了巨大的阻碍作用。例如，铁路和公路切断了各生态系统间物种流动的路径，迁徙动物在穿越道路因汽车而存在巨大风险
大型水利工程威胁生物工程	一系列的水利工程设施的修建，包括堤防、水闸、水库、标准海塘等，对区域景观产生了较大的干扰	在一定程度上，阻碍了生物的迁徙，尤其是水生动物的迁徙。再有，大型的水利工程对于其他陆生动物的迁徙活动也造成了很大威胁
各类开发区、城市和集镇建设威胁生物过程	江苏沿海地区内的工业区和新城的建设因其规模较大，对区域景观生态安全产生较大的负面影响	造成对一些滨海原有生态格局的破坏，乃至消失。造成污染加剧，导致生物栖息地破碎化、缩小乃至消失
滩涂围垦威胁生物过程	江苏沿海地区工业区围填造地，表现为逐步推进的围垦造地	江苏沿海地区滩涂和湿地是重要的生物多样性基地，围垦会破坏鸟类栖息地、破坏生态平衡，造成物种种类和数量减少
环境污染威胁生物过程	随着工业发展，对当地环境尤其是水环境及其相关的土壤环境造成了较严重的污染	在被污染的水体中，两栖动物数量大幅度下降，同时对爬行动物也有较大影响。由于污水的灌溉，常常造成土壤生态系统退化，影响土壤微生物及地上植物的生长

3.2.3 管理行政分割，海岸线开发缺乏统筹

海岸线的开发利用和管理涉及水利、国土、交通、航运、海事、市政、环保

等多部门，出于对岸线资源及空间进行有效保护与管理的目的，各部门都出台了相应的法律、法规，但受部门权责范围限制，以及部门保护和行业利益驱动等其他因素影响，存在着主次不分、权限不明、范围不清、权责不一、管理交叉、相互重叠等现象，管理法规、管理权限重叠，权责不对应，难以对海岸线涉及的防洪、供水、航运、水生态、环境保护等功能进行统筹和协调。同时，流域管理和行政区域管理之间、部门间和行业间缺乏有效的沟通、协调机制，导致政出多头，各自为政，难以形成合力。对于跨市边界地区而言，上下游、左右岸的统筹仍存在短板。部分项目从各自需求出发，缺乏与国民经济发展及其他相关行业规划的协调，常以单一功能进行海岸线开发利用，存在海岸线资源复合功能考虑不足，仍存在重开发利用而轻海岸线保护、重港口工业布局、轻游憩亲水空间谋划等现象，致使海岸线资源配置不够合理，总体利用效率不高，不能充分发挥其效能，造成海岸线资源的严重浪费。

第4章 海岸线资源调查与评估方法

4.1 海岸线资源调查评价方法

4.1.1 海岸线资源开发适宜性评价方法

适宜性评价是专门针对某一种利用方式对海岸线资源进行适宜程度的评价，其评价结果是划分出海岸线针对特定用途的适宜类别，一般可用适宜、临界适宜和不适宜来表述适宜的类别特征。对于沿海岸线，选取岸前水域条件、岸线稳定性、后方陆域条件、近海潮汐状况及与后方城市交通便捷度等构建沿海岸线开发适宜性评价指标体系进行综合评价（表4.1）。结合沿海岸线数据的可获取性，岸前水域条件指标使用等深线离岸距离，岸线稳定性指标使用岸线地质岩性，后方陆域条件指标使用陆域纵深，近海潮汐状况指标使用潮差高度，与后方城市交通便捷度指标使用临近城镇距离。沿海岸线开发适宜性评价指标等级划分标准：I级最佳，II级次之，III级最次，具体的等级划定标准见表4.2。

表 4.1 沿海岸线开发适宜性评价指标体系

目标层	指标层	数据层
	岸前水域条件 B1	等深线离岸距离 C1
	岸线稳定性 B2	岸线地质岩性 C2
沿海岸线开发利用适宜性评价 A	后方陆域条件 B3	陆域纵深 C3
	近海潮汐状况 B4	潮差高度 C4
	与后方城市交通便捷度 B5	临近城镇距离 C5

表 4.2 沿海岸线开发适宜性等级划定标准

指标层	评价指标标准值		
	I	II	III
C1	−10 m 等深线距岸 500 m 以内的岸段	−10 m 等深线距岸 500~1000 m 的岸段	−10 m 等深线距岸大于 1000 m 的岸段
C2	稳定岸线	一般稳定岸线	不稳定岸线
C3	>1000 m	500~1000 m	<500 m
C4	<2.5 m	2.5~3.5 m	>3.5 m
C5	<1000 m	1000~2000 m	>2000 m

4.1.2　海岸线资源生态敏感性评价方法

根据江苏沿海地区海岸线资源的特点，选取自然保护区（核心区/缓冲区/实验区/外围区）、重要渔业品种保护区、河口岸段、风景名胜区及风暴潮、台风等灾害频发岸段等生态敏感区，构建海岸线生态环境敏感性评估指标体系及敏感性等级划分标准，结合德尔菲法，对江苏沿海岸线开展综合评估。

依据生态敏感性评分，采用自然间断点分级法将江苏海岸线划分为不敏感、轻度敏感、中度敏感、重度敏感、极度敏感 5 个等级。

1. 海岸线生态环境敏感目标识别

1）自然保护区与重要湿地岸线

自然保护区与重要湿地岸线生态价值较大，具有重要的生态环境调节功能，对人类开发活动极其敏感，需要重点予以保护。自然保护区与重要湿地岸线目录见表 4.3。

表 4.3　自然保护区与重要湿地岸线目录

序号	名称	所在城市	面积/km^2
1	沿海滩涂重要湿地（南通片区）	南通	4.89
2	启东长江口（北支）湿地省级自然保护区	南通	39.24
3	近岸海域重要湿地（南通片区）	南通	25.49
4	赣榆沙质海岸重要湿地保护区	连云港	0.69
5	灌云县东滩湿地	连云港	0.16
6	大丰麋鹿国家级自然保护区	盐城	81.57
7	盐城湿地珍禽国家级自然保护区	盐城	115.91

2）重要渔业品种保护区岸线

江苏沿海地区重要鱼类产卵场、国家级水产种质资源保护区均具有重要生态价值，对人类活动反应较为敏感。重要渔业品种保护区岸线目录见表 4.4。

表 4.4　重要渔业品种保护区岸线目录

序号	名称	所在城市	面积/km^2
1	如东县北部重要渔业水域	南通	25.73
2	如东县南部重要渔业水域	南通	68.86

序号	名称	所在城市	面积/km²
3	大竹蛏西施舌国家级水产种质资源保护区	连云港	35.08
4	海州湾中国对虾国家级水产种质资源保护区	连云港	197.06
5	蒋家沙竹根沙泥螺文蛤国家级水产种质资源保护区	盐城	174.14

3）风景名胜保护区岸线

江苏沿海地区的风景名胜保护区具有重要的人文与景观价值，也具有重要的生态功能价值，生态环境较为敏感，需要加以保护。风景名胜保护区岸线目录见表 4.5。

表 4.5　风景名胜保护区岸线目录

序号	名称	所在城市	面积/km²
1	小洋口风景区	南通	0.68
2	黄金海滩风景区	南通	0.32
3	圆陀角风景区	南通	0.49

4）洪水调蓄区岸线

江苏沿海洪水调蓄区域主要包括江苏沿海堤防生态公益林区、淮河入海水道（滨海县）洪水调蓄区、新沂河洪水调蓄区等。

5）重要河口岸线

入海河口是水文、水生动物交互的重要岸段与区域，具有重要的生态价值；同时入海口亦是流域水体污染物汇入大海的关键节点，具有重要的环境管控意义。河口岸线的利用与保护关系到沿海地区的生态环境安全，特别是部分重要的河口是珍稀水生动物洄游通道，河口人类活动的约束与管控有利于维护生态通道的畅通。河口岸线具有重要的生态功能价值，同时生态环境极其敏感。其中，重要河口岸线目录及岸线利用状况见表 4.6。

表 4.6　重要河口岸线目录及岸线利用状况表

序号	河口名称	所处城市	入海口左岸岸线类型	入海口右岸岸线类型	长度/km
1	通启运河河口	南通	淤泥质岸线	淤泥质岸线	0.06
2	龙北干渠河口	连云港	工业生产岸线	工业生产岸线	0.07
3	绣针河河口	连云港	其他人工岸线	其他人工岸线	0.10
4	连兴河河口	南通	其他人工岸线	其他人工岸线	0.11

序号	河口名称	所处城市	入海口左岸岸线类型	入海口右岸岸线类型	长度/km
5	管庄河河口	连云港	淤泥质岸线	其他人工岸线	0.12
6	滨河河口	连云港	养殖围堤岸线	养殖围堤岸线	0.12
7	斗龙港河口	盐城	淤泥质岸线	养殖围堤岸线	0.13
8	烧香河河口	连云港	养殖围堤岸线	养殖围堤岸线	0.15
9	掘苴河河口	南通	淤泥质岸线	淤泥质岸线	0.16
10	运粮河河口	盐城	养殖围堤岸线	养殖围堤岸线	0.19
11	龙王河河口	连云港	养殖围堤岸线	淤泥质岸线	0.22
12	如泰运河河口	南通	淤泥质岸线	养殖围堤岸线	0.22
13	韩口河河口	连云港	淤泥质岸线	淤泥质岸线	0.24
14	双洋港河口	盐城	盐田围堤岸线	养殖围堤岸线	0.25
15	排淡河河口	连云港	养殖围堤岸线	养殖围堤岸线	0.25
16	青口河河口	连云港	淤泥质岸线	养殖围堤岸线	0.27
17	岔洋河河口	南通	淤泥质岸线	淤泥质岸线	0.31
18	刘圩港河河口	连云港	养殖围堤岸线	淤泥质岸线	0.31
19	复堆河河口	连云港	养殖围堤岸线	养殖围堤岸线	0.35
20	蔷薇河河口	连云港	养殖围堤岸线	养殖围堤岸线	0.41
21	四卯西河河口	盐城	养殖围堤岸线	养殖围堤岸线	0.46
22	王港河河口	盐城	养殖围堤岸线	其他人工岸线	0.47
23	东台河河口	盐城	养殖围堤岸线	养殖围堤岸线	0.48
24	新洋港河口	盐城	农田围堤岸线	农田围堤岸线	0.58
25	川东港河口	盐城	养殖围堤岸线	淤泥质岸线	0.59
26	北陵新闸河口	南通	淤泥质岸线	养殖围堤岸线	0.6
27	中山河河口	盐城	盐田围堤岸线	盐田围堤岸线	0.77
28	灌河河口	盐城	工业生产岸线	农田围堤岸线	1.09
29	梁垛河河口	盐城	养殖围堤岸线	淤泥质岸线	1.10
30	苏北灌溉总渠河口	盐城	盐田围堤岸线	盐田围堤岸线	1.13
31	射阳河河口	盐城	淤泥质岸线	盐田围堤岸线	1.21
32	遥望港河口	南通	淤泥质岸线	淤泥质岸线	1.47

2. 海岸线生态环境敏感性评估分析

构建自然保护区（包括重要生态湿地）、重要渔业品种保护区、河口岸段与洪水调蓄区、风景旅游区、风暴潮（台风）灾害频发区、其余岸段的评估指标体系及敏感性等级划分标准，具体的海岸线生态环境敏感性因子赋值与等级划定标准见表 4.7 和表 4.8。将敏感性分值大于等于 8 的岸段划分为极度敏感等级，分值为 6~7 的岸段划分为重度敏感等级，分值为 4~5 的岸段划分为中度敏感等级，分值为 2~3 的岸段划分为轻度敏感等级，分值为 0~1 的岸段划分为不敏感等级。

表 4.7　海岸线生态环境敏感性因子赋值

准则层	指标	敏感性分值
生态敏感性	自然保护区（包括重要生态湿地）	8
	重要渔业品种保护区	7
	河口岸段与洪水调蓄区	6
	风景旅游区	4~5
	风暴潮（台风）灾害频发区	2~3
	其余岸段	0~1

表 4.8　海岸线生态环境敏感性等级划定标准

敏感程度类型	不敏感	轻度敏感	中度敏感	重度敏感	极度敏感
敏感性分值	0~1	2~3	4~5	6~7	≥8

4.1.3　海岸线空间管控分区方法

1. 管控分区类型

将江苏海岸线划分为禁止开发岸线、优化开发岸线、限制开发岸线三种类型。通过以生态岸线划定为核心的"三生"（生产、生活、生态）岸线划定及管控分区，推动形成既尊重自然规律、保护生态环境，又能支撑社会经济发展、促进绿色高效集约利用的沿海岸线管控格局。

1）禁止开发岸线

生态红线、各类保护区、风景名胜区饮用水源地和取水口上游，以及具有重要生态功能和保护价值的自然岸线等，除涉及国家安全、防洪安全的建设活动外，严格禁止一切开发利用。

2）优化开发岸线

已开发利用海岸线及开发利用适宜性较好可适度开发利用的岸线区域，应严格按照相关规划，按照"有增有减、岸尽其用、节约集约、绿色开发"原则，充分考虑与附近已有涉水工程间的相互影响，科学合理布局，有序实施清退，及时开展修复，提升功能效率，最大限度地发挥岸线利用综合效益。

3）限制开发岸线

禁止开发岸线和优化开发岸线之外的区域，应在严格开展生态环境影响评估、开发利用适宜性评价基础上，按照相关规划，进行适度开发利用，严格控制开发利用强度，鼓励绿色、安全、集约化开发方式，切实做好工程防护和生态管护。

2. 管控分区划定方法

1）海岸线管控分区的划分原则

（1）海岸线管控分区划分应正确处理开发与保护之间的关系，做到开发利用与保护并重，确保水资源和水环境得到有效保护，促进海岸线的可持续利用，保障沿岸地区经济社会生态的可持续发展。

（2）海岸线管控分区划分应统筹考虑海岸线的开发利用可能带来的各种影响。

（3）海岸线管控分区划分应与已有的水功能分区、农业分区、自然生态分区等区划相协调。

（4）海岸线管控分区划分应统筹考虑城市建设与发展、航道规划与港口建设以及地区经济社会发展等方面的需求。

（5）海岸线管控分区划分应本着因地制宜，实事求是的原则，结合行政区划分界，进行科学划分，保证海岸线功能区划分的合理性。

2）海岸线管控分区的划分方法

a. 禁止开发岸线

研究范围内禁止开发岸线划分有以下几类情况。

（1）省级及以上自然保护区核心区、缓冲区、部分实验区内所涉岸段。

（2）国家级水产种质资源保护区核心区、部分实验区内所涉岸段。

（3）重要湿地、森林公园等生态功能保护区，国家级风景名胜区的核心景区等范围内，为满足生态保护需要的部分区域内所涉岸段。

b. 优化开发岸线

研究范围内海岸线利用条件较好，但海岸线开发利用对区域生态环境具有一定影响的岸段。

c. 限制开发岸线

考虑现有海岸线开发利用程度及限制条件，研究范围内限制开发岸线划分有以下几类情况。

（1）开发利用对航道稳定可能造成不利影响，需要控制其开发利用强度的区域内所涉岸段。

（2）险工险段、重要涉水工程及设施、地质灾害易发区、水土流失严重区等需要控制其开发利用方式的区域内所涉岸段。

（3）省级及以上自然保护区、国家级水产种质资源保护区的部分实验区，沿海国家级风景名胜区等范围内，需要控制其开发利用方式的部分区域内所涉岸段。

4.2 沿海滩涂资源生态评估方法

4.2.1 沿海滩涂生态系统健康评价方法

1. 生态系统健康评价指标体系构建与测算

以能完整准确地反映滩涂生态系统健康状况，体现自然、人为干扰与滩涂生态健康之间的联系等为原则，基于多尺度评价单元，运用层次分析法和"驱动力-压力-状态-响应"模式，提取生态、资源、环境、经济、社会五方面指标，在D-P-S-R 评价框架上，根据滩涂生态系统演变机理过程分析，选择沿海湿地代表性指标构建涵盖多层次、多尺度的生态安全评估指标体系（图 4.1）。对常用的多因素指标体系的综合评价方法（如层次分析法、模糊评价法、熵权-模糊评价法、突变综合评价法等）进行综合与集成。

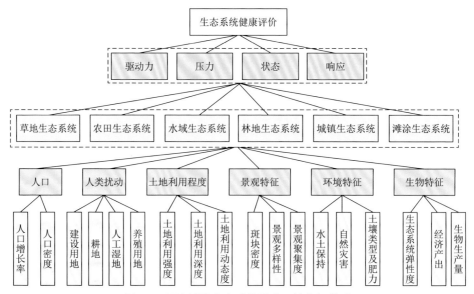

图 4.1 沿海滩涂生态系统健康评价指标体系

分析区域内不同生态系统分布随时间变化特征。整个区域以农田生态系统、水域生态系统、滩涂生态系统和城镇生态系统为主要生态系统类型，林地生态系统与草地生态系统间隔其中。随着开发利用进程的推移，2014 年后生态系统较 2008 年增加了 30%。草地生态系统面积比例有明显下降趋势。海岸围垦和港区城镇建设是造成江苏沿海地区生态系统分布变化的主要因素。

1）土地利用程度

根据刘纪远和布和敖斯尔（2000）提出的土地利用程度的综合分析方法，将土地利用程度按照土地自然综合体在社会因素影响下的自然平衡状态分为若干级，并赋予分级指数，从而给出了土地利用程度综合指数及土地利用程度变化的定量化表达式。综合土地利用动态度表达的是某研究区一定时间范围内土地利用的数量变化情况，构造综合土地利用动态度为

$$LC = \left[\frac{\sum_{i=1}^{n} \Delta LU_{i-j}}{2 \sum_{i=1}^{n} LU_i} \right] \times \frac{1}{T} \times 100\%$$

式中，LU_i 为监测起始时间的第 i 类土地利用类型面积；ΔLU_{i-j} 为监测时段内第 i 类土地利用类型转为非 i 类土地利用类型面积的绝对值；T 为监测时段，当 T 的时段设定为年时，LC 的值就是该研究区土地利用年变化率。根据影像分类结果测算大丰区土地利用程度变化结果。分析比较了研究区内各类型地物 2009～2014 年相互转移情况，其中滩涂转出率最高，农田转出率较低。

2）人类扰动指标

基于 2009～2014 年环境卫星和 Landsat 高分辨率遥感影像，对人类扰动指标进行提取，主要包括道路密度、城镇建设用地、耕地等。

2. 沿海滩涂生态系统健康评价权重计算

在构建生态系统健康评价指标体系后，这些指标体系中的各个指标对生态环境影响的重要性是有差异的，对于这种具有实际意义的综合评价需要对各个指标赋予权重。本研究采用 AHP-PCA 模型进行生态健康安全指数权重的计算，它是一种以层次分析法加权主成分分析法（principal component analysis，PCA）的模型。建立 AHP 结合主成分分析法的生态环境评价模型，使得主客观因素能有机结合，使评价结果更为科学合理，能满足实际综合评价的要求。

层次分析法和主成分分析法都是比较成熟的方法，具有严密的数学逻辑性，而且在生态环境评价中应用也比较广泛。通过综合 PCA 权重（客观权重）与 AHP 权重（综合权重），并按照一定比例进行主客观权重分配可以平衡主观赋权和客观赋权中存在的不确定性。人为主观因素限制了层次分析法的准确性，而主成分分析

法强调数据的客观性,两者能很好地互补。主客观的结合使得权重更为科学合理,使得综合评价的结果更为精确。对沿海滩涂生态系统健康评价的权重计算的层次分析法模型如下。

（1）以生态系统健康为目标,构建指标层次结构,各方案层只对上一层单个因素层有影响,不对其余的因素层起作用,否则不予考虑,从而建立了自上而下的具有层次结构的数学模型。接下来应用简单的数学计算,就能得到各层的相对权重。

（2）构建两两比较判别矩阵。从目标层开始,结果为假设的1,对于下一层的因素层,两两之间相关性低,对目标层的贡献率也各不相同,比较两两之间对目标层的重要性,以因素层即中间层为例,假设有 n 个元素,构建判断矩阵 A,其中单个元素为 x_{ij}。

$$A = \begin{pmatrix} x_{11} & x_{12} & \cdots & x_{1n} \\ x_{21} & x_{22} & \cdots & x_{2n} \\ \vdots & \vdots & & \vdots \\ x_{n1} & x_{n2} & \cdots & x_{nn} \end{pmatrix}$$

①$x_{ij} > 0$,两两之间的值必须是在标度之内,一定为正数。

②$x_{ij} = 1/x_{ji}$,两者之间对应关系式互为倒数。

③当 $i = j$ 时, $x_{ij} = 1$。

（3）求特征根及特征向量,并检验一致性。利用规范列平均法求解判断矩阵的特征根及其特征向量。计算各行各个元素之和,将得到的每一行的和进行归一化处理,随即得到权重向量,计算矩阵的最大特征根 $\lambda_{\max}$,需要对所得结果进行一致性检验。算法如下:

$$CR = CI/RI < 0.1$$

式中, $CI = (\lambda_{\max} - n)/(n-1)$, $\lambda_{\max}$ 为判断矩阵的最大特征根, n 为方案中因子个数；RI 可查表 4.9 得到,是因子个数为 n 时的平均一致性指标。

表 4.9 平均一致性指标

n	1	2	3	4	5	6	7	8	9
RI	0	0	0.58	0.9	1.12	1.24	1.32	1.41	1.45

反复验证,使其通过一致性检测,最终得到各评价指标权重。对沿海滩涂生态系统健康评价的权重计算的主成分分析模型如下:选择的第一个线性组合称为第一主成分,其对应的方差越大,所包含的信息量越大,越能代表原变量。但是一般第一主成分不能代表所有原变量的信息,因此需要引入第二个线性组合,称为第二主成分,所对应的方差应是仅次于第一主成分的方差,且第二主成分所代

表的信息不代表原第一主成分中所代表的原变量的信息，表示第一、第二主成分互不相关。以此类推，有几个原变量就有几个线性组合，按照方差大小依次排列。现有评价体系中包含有 p 个指标（变量），有 n 个样本点数据，列出矩阵表示为

$$X = \begin{pmatrix} x_{11} & x_{12} & \cdots & x_{1p} \\ x_{21} & x_{22} & \cdots & x_{2p} \\ \vdots & \vdots & & \vdots \\ x_{n1} & x_{n2} & \cdots & x_{np} \end{pmatrix} \quad 其中，\quad x_j = \begin{pmatrix} x_{1j} \\ x_{2j} \\ \vdots \\ x_{nj} \end{pmatrix}, j = 1, 2, \cdots, p$$

经过线性变化，得到了相应的 P 个指标（变量），其中 F_1 代表第一主成分，

$$\begin{cases} F_1 = \alpha_{11}x_1 + \alpha_{12}x_2 + \cdots + \alpha_{1p}x_p \\ F_2 = \alpha_{21}x_1 + \alpha_{22}x_2 + \cdots + \alpha_{2p}x_p \\ \qquad\qquad\qquad \vdots \\ F_p = \alpha_{p1}x_1 + \alpha_{p2}x_2 + \cdots + \alpha_{pp}x_p \end{cases}$$

简写为

$$F_j = \alpha_{j1}x_1 + \alpha_{j2}x_2 + \cdots + \alpha_{jp}x_p \qquad j = 1, 2, \cdots, p$$

以上表达式满足：

$F_i \neq F_j$，即主成分间相互独立，不具有相关性；

F_1 方差最大，F_2 次之，依次类比，

$$\alpha_{k1}^2 + \alpha_{k2}^2 + \cdots + \alpha_{kp}^2 = 1 \qquad k = 1, 2, \cdots, p$$

基于生态系统健康评价研究结果，针对区域内生态组成单元与人文、经济、社会等环境的关系，确定各重要生态功能区，陆地和海洋生态敏感性极高、极其脆弱的区域，以及其他不同等级的生态功能区。

4.2.2　沿海滩涂开发适宜性评价方法

沿海滩涂利用影响因素及适宜性评价指标。影响因素主要包括资源、环境、经济社会等方面（彭建等，2004；唐秀美等，2009）。沿海滩涂地区蕴含的土地资源、生物资源、景观资源以及港口岸线资源，是开展农渔业生产、生态旅游、港口-工业-城镇（以下简称港-工-城）建设等各类经济活动的基础。环境容量则是各类滩涂开发活动规模和强度的限制因素，环境容量较小的滩涂地区不宜进行粗放式、高强度的经济开发活动。经济社会因素包括区域人口集聚状况、区位条件、经济发展阶段及区域政策等方面，这都将对滩涂利用策略的选择产生一定的影响。

从沿海滩涂未来利用模式构成看，主要包括港口、工业、城镇、农业、旅游及生态保护等类型，聚焦至可围滩涂区域，可以归并为港-工-城开发和农渔业生

产等两类用途。借鉴相关研究，结合资料获取情况，考虑 1000 m×1000 m 的网格分析尺度，评价指标在文献总结凝练的基础上，结合管理部门专家访谈，确定滩涂利用类型的影响指标如表 4.10 所示。滩涂高程、岸线宜港条件、交通区位及环境容量等是制约港-工-城开发空间选择的主要因子，邻近深水航道、陆域空间开阔、交通便捷、生态环境约束不强的滩涂是建设深水海港、集聚临港产业和人口、发展滨海新城的理想空间；相反，将对港-工-城开发构成一定的约束，适宜作为改良水土条件、开展农渔业生产的主要区域。

表 4.10　滩涂开发类型适宜性评价指标及其组合

类型	指标	因子	生态保护	农业生产	港-工-城开发	分析方法
资源环境条件	生态重要性	生态红线区域及其他生态用地	√			分级赋值
	土地资源	滩涂地面高程		√		地形分析
	水资源	水资源丰度		√	√	缓冲区分析
	岸线资源	岸前水深			√	地形与缓冲区分析
		掩护条件			√	地形与缓冲区分析
		潮差差异			√	观测资料统计
	环境容量	水质现状	√		√	分级赋值
		水质目标	√		√	
区位条件	交通区位	交通可达性			√	网络分析

　　评价指标量化方法。滩涂地面高程、岸前水深、后方陆域、掩护条件等指标的量化，主要利用水下地形资料，建立沿海滩涂地区 DEM，进行滩涂后方高程和前方水深分级，结合以岸线为轴的空间缓冲分析，划分判定滩涂地面高程、岸前水深、后方陆域和掩护条件等级。环境容量利用海洋环境功能区划，根据海水水质现状和水质目标划分等级。交通区位主要运用最短路径分析方法计算各网格至主要交通节点的交通可达时间表征（陈诚，2013；孙伟和陈诚，2013）。

　　指标权重分析。权重高低反映指标对于评价目标的影响程度大小，对于评价目标具有长期稳定影响的指标需要适度提高权重，而通过工程技术条件可以改变的指标需要适度降低权重。权重确定采用主观和客观赋权相结合的方法，客观赋权利用熵值法，主观赋权采用专家调查法和层次分析法。

　　（1）客观赋权——熵值法。通过计算指标样本值的信息熵，获取对应的差异性系数，以此为基础，计算各指标的权重［式（4.1）～式（4.4）］。

$$a'_{ij} = \frac{a_{ij} - \min a_j}{\max a_j - \min a_j} \tag{4.1}$$

$$p_i = -\frac{1}{\ln(n)} \sum \left(a'_{ij} \Big/ \sum a'_{ij} \right) \ln \left(a'_{ij} \Big/ \sum a'_{ij} \right) \tag{4.2}$$

$$w_j = (1 - p_i) \Big/ \sum (1 - p_i) \tag{4.3}$$

式中，a'_{ij} 为第 i 单元第 j 项指标标准化后的值；$\max a_j$、$\min a_j$ 为各单元第 j 项指标的最大值和最小值；p_i 为第 i 项指标熵值；n 为单元数目；w_j 为第 j 项指标权重。

（2）主观赋权——层次分析法和专家调查法。根据层次分析法，通过各因子相对重要性判断，进行量化，建立各层次的判断矩阵 $A\{a_{ij}\}n \times n$；通过计算矩阵 A 的最大特征根 $\lambda_{\max}$，并解算特征方程 $AX = \lambda_{\max} X$，获得特征值 $\lambda_{\max}$ 对应的特征向量 $X = \{x_1, x_2, \cdots, x_n\}$；一致性检验之后，将特征向量归一化获得指标的初始权重，$w_i = x_i \Big/ \sum\limits_i^q x_i$。专家调查法，以初始权重作为参照，向经济、资源、环境、交通等相关领域专家进行权重调查。获得专家首次打分样本之后，依据式（4.4）计算专家打分均值和标准差，并将首轮打分均值和标准差反馈给各位专家，引导专家继续打分，多次循环后，当打分均值和标准差之差趋于稳定缩小后，将最后一次打分的样本均值作为专家建议的权重。

（3）综合权重。将主客观方法获取的权重均值化后，作为评价权重

$$c = \frac{\sum\limits_{i=1}^{n} w_i}{n}; \quad \delta^2 = \frac{\sum\limits_{i=1}^{n} (w_i - c)^2}{n} \tag{4.4}$$

式中，c 为某要素因子均值；δ 为某要素因子的标准差；n 为打分的专家人数；w_i 为第 i 位专家给出的权重。

适宜性综合评价。通过综合加权的方法分别获取综合适宜性指数。通过式（4.5）和式（4.6）分别对单项指标进行归一化和归并，获取农业生产和港-工-城开发的适宜性。

$$a'_{ij} = \frac{a_{ij} - \min a_j}{\max a_j - \min a_j} \tag{4.5}$$

$$M_i = \sum a'_{ij} \times w_j \tag{4.6}$$

式中，w_j 为第 j 项指标权重；M_i 为第 i 单元的适宜指数。

不同开发类型空间划分。根据开发适宜性指数的高低分布序列，运用自然分类法，将适宜性较高的单元归并为港-工-城开发区域，剩余单元归并为农渔业生产区域。按照因地制宜、集中集聚及开发与保护均衡的基本原则，结合滩涂利用现状，对不同各单元适宜性类型进行适度调整。

4.2.3　滩涂规划空间布局冲突协调框架方法

融合了需求分析结果、开发适宜性和软系统分析模型，建立了滩涂开发空间布局协调的一般框架（图4.2）。

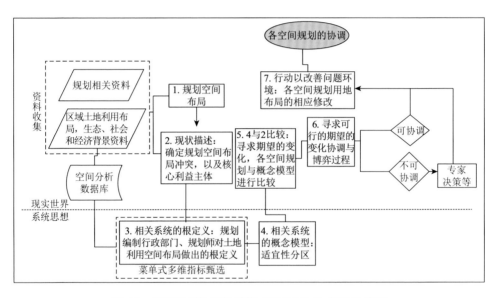

图4.2　空间规划协调软系统（SPC-SSM）的设计流程

与硬系统相比，软系统论在解决问题时不像硬系统那样求出最佳的专家式定量结果，而是基于社会组织的庞杂性，充分强调人的作用，通过不同利益主体的协商求出一般可行的满意解，在解决各种凌乱的"非技术性"问题中具有较强适用性。显然，对于不同规划之间的冲突协调，这一跨系统、多目标、结构性差的问题分析，具有较好的有效性。因此，研究以软系统一般的模式为框架，将基于开发与保护均衡导向的适宜性评价纳入，结合公共参与、多主体相互博弈，开展沿海滩涂区域的用地规划冲突协调。需要形成包括问题情境感知及描述、根底定义的建立、适宜性分区的概念模型建模以及概念模型与问题状态的比较并进行规划协调等关键环节。

（1）问题情境感知及描述。其主要包括沿海滩涂区域土地利用空间布局情境的认知与描述。需要完成相关资料的收集工作，包含两方面：一是涉及滩涂区域土地利用布局的各类空间规划，确定与问题相关的利益主体（即规划编制的政府职能部门）；二是与空间规划中土地利用布局相关联的社会经济、自然生态背景，社会经济背景资料包括人口、交通通达性等，自然生态背景包含区域土壤条件、立地条件、水资源和灾害因素等。建立空间分析数据库。问题情境的描述主要是通过核心规划主体的甄别与用地布局图层的空间叠置分析，检测相关规划的用地功能冲突区域及相关空间规划。

（2）根底定义的建立。其核心在于明确不同规划及用地布局冲突协调的目标，通过与相关不同部门政府官员、规划编制人员的半结构式访谈交流，分析各部门对土地利用空间布局的认知与界定，剖析不同类型规划出发点、原则和目标。考虑规划用地冲突协调过程的可操作性，运用菜单式选择方法，通过专家阅读规划文本，并列出空间规划布局影响因素，结合规划主管机构的意见，进行规划编制主导因素筛选与权重协商，确定最终的影响因素与权重。

（3）适宜性分区的概念模型建模。其是嵌入在软系统规划协调分析框架中的"硬分析"方法，以期实现定性与定量相结合的研究。通过对根底定义中主要因素的空间离散，综合评价，获取用地布局适宜性的空间分布数据。以此作为滩涂地区不同规划用地布局冲突协调的逻辑判断准则，以期作为不同部门规划冲突协调过程的主要价值引导方向和各主体博弈的参照。

（4）概念模型与问题状态的比较并进行规划协调。将用地布局有空间冲突的规划与适宜性评估进行功能类型的空间匹配，如果冲突的规划之间就冲突协商达成一致，可以直接进入规划协调程序。如若与适宜性评价结果对照讨论后，不同规划部门没有达成协调结果，则进一步分析冲突背后原因，或采取部门投票制进行表决，或进一步采取专家决策或多准则决策等硬方法进行最终布局方案的敲定，从而达到规划之间的耦合，为规划的顺利实施奠定基础。

4.3　沿海地区土地生态调查评估方法

4.3.1　调查内容与评估方法

1. 调查与评估内容

江苏沿海地区土地生态调查，主要是面向苏北、沿海、苏南地区，覆盖 15 个县区市行政范围。为了保证尺度范围内数据的一致性与完整性，摸清完整的江苏沿海地区土地生态状况静态指标和动态指标。完成土地生态基础指标（如植被覆盖度、土壤碳蓄积量等）、土地健康指标（土壤污染和土壤地球化学指标）、土地生态状况内在危险性指标（如土地损毁状况）等各类指标信息初步提取工作，以及完成江苏沿海地区由耕地、林地、草地、滩涂、未利用土地等土地利用/土地覆被类型变化反映的土地退化、湿地减少、生态建设等土地生态状况的变化信息初步提取工作。

2. 调查与评估技术流程

构建江苏沿海地区土地生态状况调查与评估指标体系和技术标准，开展资料收集和多方调研，完善并优化沿海地区土地生态状况调查与评估指标体系；对各个技术手段在土地生态状况调查与评估应用上的区别进行充分的细化研究，在各种技术手段技术有效集成的基础上，通过试点应用，总结经验、分析不足，完善并最终形成江苏沿海地区土地生态状况调查与评估技术标准。项目具体实施步骤包括资料收集、多方调研、模型构建、综合分析、技术细化与集成、试点应用以及成果完善与总结，具体的土地生态调查与评估技术路线图如图4.3所示。

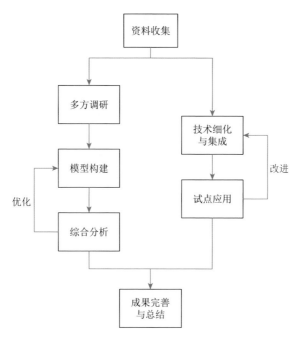

图4.3 土地生态调查与评估技术路线图

4.3.2 土地生态状况调查体系构建

1. 调查指标体系

基于"多指标集合度量法"模型，采用文献频次分析等数理统计方法和综合分析方法，通过咨询专家，借鉴已有研究成果，从土地利用/土地覆被因子、土壤因子、植被因子、地貌与气候因子、土地污染损毁与退化状况、生态建设与保护状况、长江三角洲经济发达区区域性指标等土地生态状况基础性调查指标，以及区域性调查指标等方面，构建江苏沿海地区土地生态状况调查指标体系，土地生态状况基础性调查指标构成包括准则层、指标层和元指标层（表 4.11）。

表 4.11　土地生态状况基础性调查指标

准则层	指标层	元指标层	数据获取方式
土地利用/土地覆被因子	农用地	耕地（水田，旱地，其他）	2017 年土地利用数据 011、012、013 提取
		林地（有林地，灌木林，其他）	2016 年土地利用数据 031、032、033 提取
		草地（天然草地，人工草地）	2016 年土地利用数据 041、042 提取
	湿地与水面	湿地（滩涂，沼泽地）	2017 年土地利用数据 115＋116、125 提取
		水面（河流，湖泊，水库，水工建筑）	2017 年土地利用数据 111、112、113＋114、118 提取
	城镇用地	非渗透地表	2017 年土地利用数据城镇区域 201＋202 提取
		住宅用地	城镇地籍调查数据 071＋072 提取
		交通用地（铁路，公路，机场）	2017 年土地利用数据城镇区域 101、102、105 提取
		城市绿地	城镇地籍调查数据 087 提取
		城市水面	2017 年土地利用数据城镇区域水面提取
		城市湿地	2017 年土地利用数据城镇区域湿地提取
土壤因子	土壤养分	土壤有机质	多目标地球化学调查 4 km 网格采样数据 Kriging 插值
		土壤碳蓄积量	2017 年土地利用数据、土地类型提取；土地利用类型对应土壤碳密度，与评价单元面积相乘即可
	土壤结构	有效土层厚度	农用地分等中的水稻耕作厚度
植被因子	植被覆盖	植被覆盖度	SPOT VGT 获取的 2016 年 NDVI 产品，进行极差标准化
	作物长势	生物量	基于 SPOT 数据、气温降雨资料，根据 CASA 模型计算
地貌与气候因子	地貌特征	坡度	国家地球系统科学数据中心共享服务平台下载的 SLP
		海拔	国家地球系统科学数据中心共享服务平台下载的 DEM

续表

准则层	指标层	元指标层		数据获取方式
地貌与气候因子	气候特征	年均降水量		根据收集气象站点观测数据进行 Kriging 插值
		降水量季节分配		春、夏、秋、冬分别的均降雨量和作物主要生长期内的降雨量
土地污染损毁与退化状况	土壤污染状况	持久性有机污染	主要持久性有机污染物含量	研究区未能获取到数据
		重金属污染	铬、镉、铅、铜、锌、汞等含量	多目标地球化学调查 4 km 网格采样数据 Kriging 插值
		非金属污染	砷等非金属含量	多目标地球化学调查 4 km 网格采样数据 Kriging 插值
		化肥污染	硝态氮、铵态氮	研究区未能获取到数据
	土地损毁状况	挖损土地	挖损地	研究区该现象可忽略不计
		塌陷（沉陷）土地	稳定塌陷（沉陷）地	
			不稳定塌陷（沉陷）地	
			漏斗、陷落、裂缝地	
		压占土地	垃圾占地	农用地→工矿用地
			废弃建筑物占地	
			矿石、渣、排土堆积地	
		自然灾害损毁土地	洪灾损毁地	研究区该现象可忽略不计
			滑坡、崩塌、泥石流损毁地	
			风沙损毁地	
			地震灾毁地	
		废弃撂荒土地	撂荒地	耕地、居民点用地→未利用地、荒草地
			废弃水域	
			废弃居民点工矿用地	
			火烧、砍伐的迹地	
			其他废弃地	
	土地退化状况	耕地退化	耕地→沙地、盐碱地、荒草地和裸地	2012~2013 年、2013~2015 年、2016~2017 年的三期土地利用数据叠加分析而得
		林地退化	林地→沙地、盐碱地、荒草地和裸地	
		草地退化	草地→沙地、盐碱地、荒草地和裸地	
		湿地退化	沼泽地和滩涂→其他用地等	
		水域减少	河流、湖泊、滩涂→其他用地	

续表

准则层	指标层	元指标层		数据获取方式
生态建设与保护状况	生态建设与保护状况	未利用土地开发利用与改良	裸地、盐碱地、沙地和荒草地→耕地、林地和草地	2012～2013 年、2013～2015 年、2016～2017 年的三期土地利用数据叠加分析而得
		生态退耕	大于25°坡耕地→林地和草地	
		湿地增加	其他用地→沼泽地，其他用地→滩涂等	
		损毁土地再利用与恢复	损毁土地→可利用土地类型等	
		城市低效未利用土地开发与改良	城市低效未利用土地→可利用土地等	
		生态保护	水源地保护核心区、自然保护核心区、风景旅游保护核心区、地质公园等用地	收集区域国土资源局、环保局、林业局等相关单位资料
长江三角洲经济发达区区域性指标	区域性指标	地下水污染	水体污染面积	提取Ⅵ类与Ⅴ类水质区域的面积
			水体污染程度	根据环保部门监测数据进行Kriging插值

2. 指标提取方法

1）土地利用/土地覆被因子指标信息提取方法

（1）农用地（耕地、林地、草地）信息提取。

针对江苏沿海地区农用地进行信息提取。采用 2013～2017 年全国土地利用变更调查数据、第二次全国土地调查数据和图件，基于 GIS 软件和遥感影像分析软件，结合地面调查，采用信息挖掘和数据分析等方法提取耕地、林地、草地及次一级分类现状信息。耕地信息主要包括水田、旱地类型；林地信息包括有林地、灌木林、其他林地类型；草地信息主要包括天然草地、人工草地类型。

（2）湿地与水域信息提取。

采用 2013～2017 年全国土地利用变更调查数据、第二次全国土地调查数据和图件，基于 GIS 软件和遥感影像分析软件，结合地面调查，采用信息挖掘和数据分析等方法提取耕地、林地、草地及次一级分类现状信息。湿地信息包括滩涂、沼泽地等类型；水面信息包括河流、湖泊、水库等类型。

（3）城镇用地（城市非渗透地表、绿地、水面、湿地）信息提取。

针对研究区域建设用地"城镇村及工矿用地"（编码 20）类型，基于 GIS 软件中 Select By Location 模块提取城市边界，进而获得城市非渗透地表、绿地、水面、湿地信息。

采用 2013～2015 年全国土地利用变更调查数据、第二次全国土地利用调查数据和图件，基于遥感影像分析软件、GIS 软件，结合地面调查，采用监督分类方法、决策树分类方法、面向对象分类方法提取城市非渗透地表、绿地、水面、湿地信息。

2）土壤因子指标信息提取

以多目标地球化学调查数据为基期数据，辅助典型地区野外调查采样数据，并结合农业部门基础地力调查数据和土壤图等相关资料，完成土壤因子指标信息的提取工作。

（1）土壤有机质信息提取。

针对研究区域农用地进行土壤有机质信息提取。基于多目标地球化学调查数据，以及农业部门的基础地力调查数据、土壤类型图等数据、资料进行土壤有机质信息提取。

（2）土壤碳蓄积量信息提取。

介于徐州地区土壤类型图获取的不宜性，根据现有研究成果（揣小伟，2013），根据不同土地利用类型的土壤表层碳密度，乘以相应的有效土层厚度及评价单元面积即可。针对研究区域 2015 年土地利用数据，进行不同地类土壤碳蓄积量信息提取。

不同土地利用类型土壤碳排放核算步骤：对于农用地土壤碳汇测算，利用已有研究成果不同地类的有机碳密度数据（表 4.12），对不同的土地利用类型代码建立转换规则，和农用地分等资料中的有效土层厚度值及相应评价单元面积相乘，作为该类土地利用类型的农用地有机碳蓄积量值。

表 4.12　不同土地利用类型土壤表层碳密度　　　　（单位：kg/m^3）

地类名称	土壤表层有机碳密度
耕地	14.91
林地	15.09
草地	15.00
水域	14.60
建设用地	14.67
未利用地	14.93
平均值	14.87

```
Dim DL,Output as String
DL=[GHFLDM]
Select Case DL
Case "111", "112", "113"
Output="耕地"
```

```
Case "120", "130"
Output="林地"
Case "140","151","152","153","154","155"
Output="草地"
Case"211","212","213","214","221","222","223","224",
"225","226","227","231","232","233"
Output="建设用地"
Case "311","312","313"
Output="水域"
Case "320"
Output="未利用地"
End Select
```

转变的土地利用类型土壤碳排放核算步骤：根据土地利用变更调查图与土壤类型图和土壤有机碳密度参数，总结归纳各类土地利用类型的平均碳密度，分析土地利用变化对土壤有机碳密度的影响，计算转变的土地利用类型的土壤有机碳蓄积量的变化。

土地利用变化对内陆水域碳循环的影响分为三类：针对水面未变化类型，按照河湖水面、泥炭沼泽、滩涂盐沼三种用地类型的碳汇能力分别进行核算；针对水面增加类型（转变为水面的土地利用类型），主要考虑河湖水面（退耕还湖）和沼泽滩地（退耕还泽、湿地重建）增加的固碳能力；针对水面减少类型（水面转变为其他土地用地类型），考虑泥炭沼泽特殊性，分别核算河湖滩地和泥炭沼泽减少的碳排放。

3）植被因子指标信息提取

（1）植被覆盖度信息提取。

基于遥感影像，采用 2015 年土地利用变更调查底图，参考第二次全国土地调查遥感数据底图，结合地面调查和采样，进行植被覆盖信息和生物量提取。

植被覆盖度指标信息提取具体方法为将预处理好的多波段遥感影像与对应区域的土地利用图叠加，利用掩模（MASK）方法，分别获取林地、草地、耕地、园地等不同类型的植被原始影像图。依据植被覆盖度计算方法，得到不同土地利用类型的植被覆盖度。基于实地观测和像元阈值确定，划分植被覆盖度等级（高覆盖度、中覆盖度、低覆盖度三个等级）。把各种土地利用覆被类型的植被覆盖度等级图叠加，获得本区域的植被覆盖度等级图。

植被覆盖度计算公式为

$$VFC = \frac{NDVI - NDVI_{min}}{NDVI_{max} - NDVI_{min}}$$

$$\text{NDVI} = \frac{\text{Band}_2 - \text{Band}_1}{\text{Band}_2 + \text{Band}_1}$$

式中，VFC 为植被覆盖度；NDVI_{min}、NDVI_{max} 分别为最小、最大归一化植被指数值；Band_2 和 Band_1 分别对应近红外波段与可见光红波段。NDVI 数据可直接使用 SPOT VGT 的 NDVI 产品或 MODIS 的 NDVI 产品，具体的 VGT-S10 NDVI 数据产品特征见表 4.13。SPOT VGT-S10 NDVI（10 天最大值合成化的植被归一化指数）产品旬数据的空间分辨率为 1 km，可在 VITO/CTIV 网站（http://free.vgt.vito.be）下载东南亚地区的数据，然后裁切出需要用的重点区域部分。

表 4.13　VGT-S10 NDVI 数据产品特征

数据集特征	SPOT/VEGETATION（VGT）
时间	1999～2009 年（共 396 旬）
空间	SE-Asia
DN 范围	[0, 255]
NDVI 真实值	NDVI = 0.004×DN−0.1 值域[−0.1, 0.92]
投影	WGS 1984 经纬度坐标投影
分辨率	0.008 928 571 4°/像素，1 km/像素

MODIS NDVI 产品使用 MODIS 陆地植被指数标准数据产品 MYD13Q1（MODIS/Aqua Vegetation Indices 16-Day L3 Global 250 m SIN Grid V005），内容为 16 天合成的归一化植被指数和增强型植被指数（NDVI/EVI），空间分辨率为 250 m，取其中的归一化植被指数 NDVI 使用（图 4.4）。MODIS 数据可从 EOSDIS 网站

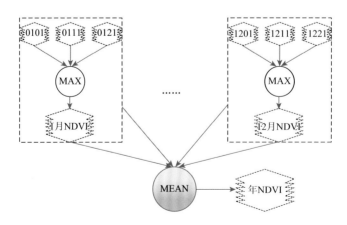

图 4.4　NDVI 模块实现的 modeler 图

（https://earthdata.nasa.gov）下载。获得区域的 NDVI 旬产品或是 16 天合成产品后，使用最大值合成法（MVC）获取月 NDVI 值，年 NDVI 值使用月 NDVI（1～12 月）的平均值。计算公式为

$$\mathrm{NDVI}_i = \max(\mathrm{NDVI}_{ij})$$

$$\overline{\mathrm{NDVI}} = \frac{1}{n}\sum_{i=1}^{n}\mathrm{NDVI}_i$$

其中，NDVI_i 为第 i 月的 NDVI 值；NDVI_{ij} 是第 i 月第 j 旬的 NDVI 值；$\overline{\mathrm{NDVI}}$ 为年 NDVI 值；n 为月份。

（2）生物量信息提取。

基于 2017 年所构建的生物量提取方法——CASA 模型提取生物量。以研究区气象数据和遥感数据为基础，采用 ArcGIS 软件和 ENVI 等遥感软件，提取研究区生物量。CASA 模型是如今应用较广泛、精度较高的基于过程的参数模型，其核心思想是 NPP 主要由植被所吸收的光合有效辐射（APAR）和光能利用率（ε）两个变量决定。计算公式为

$$\mathrm{NPP}(x,t) = \mathrm{APAR}(x,t) \times \varepsilon(x,t)$$

$$\mathrm{APAR}(x,t) = \mathrm{SOL}(x,t) \times \mathrm{FPAR}(x,t) \times 0.5$$

$$\varepsilon(x,t) = T_{\varepsilon_1}(x,t) \times T_{\varepsilon_2}(x,t) \times w_{\varepsilon}(x,t) \times \varepsilon^*$$

其中，$\mathrm{NPP}(x,t)$ 为像元 x 在 t 时间的植被净第一性生产力（$\mathrm{g/m^2}$，以 C 计，下文均相同，故省略）；$\mathrm{APAR}(x,t)$ 为像元 x 在 t 时间吸收的光合有效辐射（$\mathrm{MJ/m^2}$）；$\varepsilon(x,t)$ 为像元 x 在 t 时间的实际光能利用率（以 C 计，$\mathrm{g/MJ}$）；$\mathrm{SOL}(x,t)$ 为像元 x 在 t 时间的太阳总辐射量（$\mathrm{MJ/m^2}$）；$\mathrm{FPAR}(x,t)$ 为植被层对入射光合有效辐射的吸收比例；常数 0.5 为植被所能利用的太阳有效辐射（波长为 0.38～0.71 μm）占太阳总辐射的比例。T_{ε_1} 和 T_{ε_2} 反映温度对光能转化率的影响；w_{ε} 为水分胁迫影响系数；ε^* 为理想状态下的最大光能转化率，通常认为全球植被最大光能转化率为（以 C 计）0.389 g/MJ。

NPP 数据直接使用 MODIS 的陆地 NPP 数据产品（MOD17A3）（MODIS/Terra Net Primary Production Yearly L4 Global 1 km SIN Grid V055），该产品数据空间分辨率为 1 km，MOD17A3 为年度数据。元指标 NPP 值可直接使用 MOD17A3 的 NPP 值。数据可从 EOSDIS 网站（https://worldview.earthdata.nasa.gov/）下载。

4）地貌与气候因子指标信息提取

以研究区地形图和 DEM 数据为基础，采用 ArcGIS 软件，提取坡度、海拔信息。收集气象部门资料，分析年降水量的季节分配。

5）土地污染损毁与退化状况指标信息提取

a. 土壤污染状况指标信息提取方法

针对研究区域农用地、建设用地和未利用土地所有土地进行信息提取。

基于农用地分等定级、多目标地球化学调查数据（土壤污染数据）、环保局土壤污染调查等数据，结合样点采样调查，以第二次全国土地调查现状数据为底图，提取不同用地类型的土壤污染状况信息。

针对耕地，依据全国各省份土壤微量金属元素背景值、中华人民共和国国家标准——《土壤环境质量 农用地土壤污染风险管控标准（试行）》（GB 15618—2018）、全国土壤污染状况评价技术规定——《全国土壤污染状况评价技术规定》（环发〔2008〕39 号），划定耕地污染等级和耕地污染潜在区；通过野外补充采样调查，根据土壤污染元素有效态，划定耕地污染风险区；通过野外补充采样调查，测定农产品、生物样品，综合评估耕地污染健康风险状况，并进行耕地质量健康评估。

针对建设用地，依据全国 29 个省份土壤微量金属元素背景值、全国土壤污染状况评价技术规定——《全国土壤污染状况评价技术规定》（环发〔2008〕39 号）、全国土壤污染状况评价技术规定，见表 4.14～表 4.18，划定建设用地污染等级和污染潜在区，进行污染土地风险评估。

表 4.14　全国 29 个省份土壤微量金属元素背景值　　（单位：mg/kg）

省份	砷 As	镉 Cd	钴 Co	铬 Cr	铜 Cu	汞 Hg	镍 Ni	铅 Pb	钒 V	锌 Zn
辽宁	8.8	0.108	17.2	57.9	19.8	0.037	25.6	21.4	82.4	63.5
河北	13.6	0.094	12.4	68.3	21.8	0.036	30.8	21.5	73.2	78.4
山东	9.3	0.084	13.6	66.0	24.0	0.019	25.8	25.8	80.1	63.5
江苏	10.0	0.126	12.6	77.8	22.3	0.289	26.7	26.2	83.4	62.6
浙江	9.2	0.070	13.2	52.9	17.6	0.086	24.6	23.7	69.3	70.6
福建	6.3	0.074	8.8	44.0	22.8	0.093	18.2	41.3	79.5	86.1
广东	8.9	0.056	7.0	50.5	17.0	0.07	14.4	36.0	65.3	47.3
广西	20.5	0.267	10.4	82.1	27.8	0.152	26.6	24.0	129.9	75.6
黑龙江	7.3	0.086	11.9	58.6	20.0	0.037	22.8	24.2	81.9	70.7
吉林	8.0	0.099	11.9	46.7	17.1	0.037	21.4	28.8	68.0	80.4
内蒙古	7.5	0.053	10.3	41.4	14.4	0.040	19.5	17.2	51.1	59.1
山西	9.8	0.18	9.9	61.8	26.9	0.027	32.0	15.8	68.3	75.5
河南	11.4	0.074	10.0	63.8	19.7	0.034	26.7	19.6	94.2	60.1

续表

省份	砷 As	镉 Cd	钴 Co	铬 Cr	铜 Cu	汞 Hg	镍 Ni	铅 Pb	钒 V	锌 Zn
安徽	9.0	0.097	16.3	66.5	20.4	0.033	29.8	26.6	98.2	62.0
江西	14.9	0.108	11.5	45.9	20.3	0.084	18.9	32.3	95.8	69.4
湖北	12.3	0.172	15.4	86.0	30.7	0.080	37.3	26.7	110.2	83.6
湖南	15.7	0.126	14.6	71.4	27.3	0.116	31.9	29.7	105.4	94.4
陕西	11.1	0.094	10.6	62.5	21.4	0.030	28.8	21.4	66.9	69.4
四川	10.4	0.079	17.6	79.0	31.1	0.061	32.6	30.9	96.0	86.5
贵州	20.0	0.659	19.2	95.9	32.0	0.110	39.1	35.2	138.8	99.5
云南	18.4	0.218	17.5	65.2	46.3	0.058	42.5	40.6	154.9	89.7
宁夏	11.9	0.112	11.5	60.0	22.1	0.021	36.5	20.6	75.1	58.8
甘肃	12.6	0.116	12.6	70.0	24.1	0.020	35.2	18.8	81.9	68.5
青海	14.0	0.137	10.1	70.1	22.2	0.020	29.6	20.9	71.8	80.3
新疆	11.2	0.120	15.9	49.3	26.7	0.017	26.6	19.4	74.9	68.8
西藏	19.7	0.081	11.8	76.6	21.9	0.024	32.1	29.1	76.6	74.0
北京	9.7	0.074	15.6	68.1	23.6	0.069	29.0	25.4	79.2	102.6
天津	9.6	0.090	13.6	84.2	28.8	0.084	33.3	21.0	85.2	79.3
上海	9.1	0.138	12.4	70.2	27.2	0.095	29.9	25.0	89.7	81.3

注：中国土壤元素背景值是由国家环境保护局和中国环境监测总站在 1990 年确定的。

表 4.15　中华人民共和国国家标准——《土壤环境质量标准》(GB 15618—1995)

（单位：mg/kg）

元素	分类	一级	二级			三级
			pH＜6.5	pH 为 6.5～7.5	pH＞7.5	
Cd		0.20	0.30	0.60	1.00	
Hg		0.15	0.30	0.50	1.00	1.50
As	水田	15	30	25	20	30
	旱田	15	40	30	25	40
Cu	农田	35	50	100	100	400
	果园	—	150	200	200	400
Pb		35	250	300	350	500
Cr	水田	90	250	300	350	400
	旱田	90	150	200	250	300
Zn		100	200	250	300	500
Ni		40	40	50	60	200

表 4.16　全国土壤污染状况评价技术规定——《全国土壤污染状况评价
技术规定》(环发〔2008〕39 号)　　　　(单位：mg/kg)

元素	分类	耕地、草地、未利用地			林地
		pH＜6.5	pH 为 6.5～7.5	pH＞7.5	
Cd		0.30	0.30	0.60	1.00
Hg		0.30	0.30	1.00	1.50
As	旱地	40	30	25	40
	水田	30	25	20	
Cu		50	100	100	400
Pb		80	80	80	100
Cr	旱地	150	200	250	400
	水田	250	300	350	
Zn		400	250	300	500
Ni		40	50	60	200

表 4.17　全国土壤污染状况评价技术规定中主要元素的参考值　　　(单位：mg/kg)

元素	参考值
Cd	12
Hg	10
As	55
Pb	530
Cr	380
Cu	500
Zn	720
Ni	210
Mn	19000
Se	100
V	250

表 4.18　全国土壤污染状况评价技术规定中主要元素的标准值　　　(单位：mg/kg)

元素	标准值		
	pH＜6.5	pH 为 6.5～7.5	pH＞7.5
Cd	0.30	0.30	0.40
Hg	0.25	0.30	0.40
As	30	25	20

续表

元素	标准值		
	pH<6.5	pH 为 6.5~7.5	pH>7.5
Pb	50	50	50
Cr	150	200	250
Cu	50	100	100
Zn	200	250	300
Ni	40	50	60
Mn		1500	
Co		40	
Se		1.0	
V		130	

b. 土地损毁状况指标信息提取方法

土地损毁状况指标信息包括挖损和塌陷土地信息、压占土地信息、自然灾害损毁土地信息和废弃摞荒土地信息四部分。

（1）挖损、塌陷土地信息提取：基于高分辨率遥感数据，采用第二次全国土地调查遥感数据底图，结合土地利用现状图、野外调查，依据土地生态状况调查与评估标准规范，提取挖损、塌陷土地信息，具体流程如图 4.5 所示。

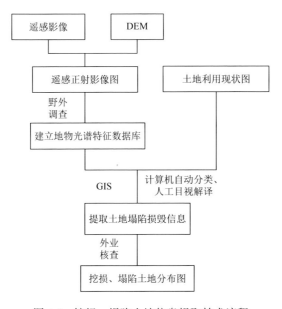

图 4.5　挖损、塌陷土地信息提取技术流程

（2）压占土地信息提取：基于高分辨率遥感数据，采用第二次全国土地调查遥感数据底图，参考第二次全国土地调查现状数据，提取压占土地信息。具体流程如图4.6所示。

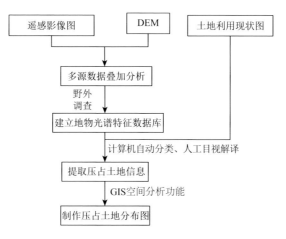

图4.6　压占土地信息提取技术流程图

（3）自然灾害损毁土地信息提取：基于高分辨率遥感数据，采用第二次全国土地调查遥感数据底图，参考第二次全国土地调查现状数据，提取自然灾害损毁土地信息。具体流程如图4.7所示。

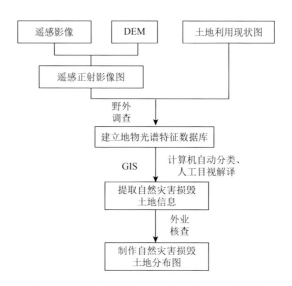

图4.7　自然灾害损毁土地信息提取技术流程图

　　震害滑坡信息的提取：根据研究区震害滑坡发生的特点，基于标准化植被指数（NDVI）和坡度信息提取遥感震害滑坡信息。首先分别计算得到震前、震后的 NDVI 影像，对两幅影像相减取绝对值，得到差值影像，其中包含了绝大部分的地震滑坡信息。然后根据地震滑坡发生的特点（主要发生在 16°以上的山体斜坡之上），与坡度图层进行叠置分析求交集，然后再人工剔除掉一些离散的小图斑，最后得到震害滑坡信息。

　　震害损毁建筑的提取：采用基于"多层次区域分割"思想的像元级别的遥感震害损毁建筑物提取的方法。它的思路是采取"自上而下"的方式采用掩模处理的手段把震害损毁建筑物以外的地类当成环境背景一层一层地从原始影像中分割出去，最后得到只剩下损毁建筑物信息。

　　（4）废弃撂荒土地信息提取：废弃撂荒土地包含撂荒地、废弃水域、废弃居民点、其他废弃地。其中，撂荒地指退耕、弃耕或者其他原因导致的多年未用的闲置土地。其他废弃地指工业、矿业等产生的废弃地。基于高分辨率遥感数据，采用第二次全国土地调查遥感数据底图，参考第二次全国土地调查现状数据等，提取废弃地的现状信息。具体技术流程如图 4.8 所示。

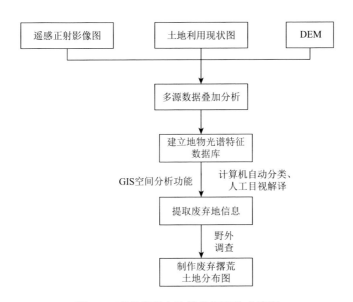

图 4.8　废弃撂荒土地信息提取技术流程

c. 土地退化信息提取

　　针对研究区域农用地和未利用土地所有土地进行基于土地利用/土地覆被类型变化反映的土地退化信息提取。

　　利用 2013～2017 年土地利用变更调查数据、第二次全国土地调查数据、基础地理数据等，参考 2017 年土地利用变更调查影像和第二次全国土地调查影像，结合实地调查，提取土地利用/土地覆被类型变化反映的土地退化指标信息如下。

耕地退化信息：耕地→沙地、耕地→盐碱地、耕地→荒草地、耕地→裸土地等面积与分布。林地退化信息：林地→沙地、林地→盐碱地、林地→荒草地、林地→裸土地等面积与分布。草地退化信息：草地→沙地、草地→盐碱地、草地→荒草地、草地→裸土地等面积与分布。湿地退化信息：沼泽地→其他用地、滩涂→其他用地等面积与分布。水域变化信息：河流→其他用地、湖泊→其他用地、滩涂→其他用地等面积与分布。

6）生态建设与保护状况指标信息提取

针对研究区域农用地、建设用地和未利用土地所有土地进行基于土地利用/土地覆被类型变化反映的生态建设与保护状况指标信息提取。

利用 2013～2015 年土地利用变更调查数据、第二次全国土地调查数据、基础地理数据等，以及 2017 年土地利用变更调查影像和第二次全国土地调查影像，结合实地调查和变化信息提取方法，提取土地利用/土地覆被类型变化反映的生态建设与保护状况指标信息如下。

未利用土地开发利用为农用地信息：裸地→耕地、林地和草地，盐碱地→耕地、林地和草地，沙地→耕地、林地和草地，荒草地→耕地、林地和草地等。湿地增加信息：其他用地→沼泽地，其他用地→滩涂等。损毁土地再利用与恢复信息：损毁土地→耕地、林地、草地，损毁土地→人造湖、水面等，损毁土地→绿地、公园等。

7）区域性指标信息提取

根据长江三角洲经济发达地区土地生态以水土污染为主的特点，结合地质环境监测、环保部门调查数据、矿区调查数据和农、林部门调查数据，补充进行遥感监测与野外调查，获取指标信息。

3. 评估指标体系

根据江苏沿海地区的土地生态特征和调查数据的可获取性，将"土地损毁指标"中保留压占和废弃撂荒比例数据；效益指标中，由于该区域林木草地蓄积量较少，故改为"人均林草地面积"；对于前几期课题中没有涉及的"无污染城市水面比例"和"城市生态基础设施用地比例"两个指标，根据技术规范中的提取方法对其进行了补充。此外，对徐州地区"有效土层厚度""废弃撂荒土地""无污染低噪声住宅用地比例""斑块多样性指数"，以及涉及生态用地的指标，如"人口与生态用地增长弹性系数等指标""生态退耕"等指标进行了改进，具体指标体系见表4.19。

表 4.19　土地生态状况综合数据收集指标体系

序号	准则层	指标层	元指标层	权重	单位	属性
1	土地生态状况自然基础性指标层	气候条件指数	年均降水量	0.0381	mm	区间值
2			降水量季节分配	0.0525	mm	区间值
3	土地生态状况结构性指标层	景观多样性指数	土地利用格局多样性指数	0.0101	—	正指标
4			土地利用类型多样性指数	0.0105	—	正指标
5			斑块多样性指数	0.0132	—	正指标
6		土地利用/土地覆盖指数	城市绿地比例	0.0064	%	正指标
7			无污染低噪声住宅用地比例	0.0303	%	正指标
8			无污染高等级耕地比例	0.0989	%	正指标
9			无污染城市水面比例	0.0208	%	正指标
10			城市生态基础设施用地比例	0.0144	%	正指标
11			城市非渗透地表比例	0.1034	%	逆指标
12	土地污染损毁与退化状况指标层	土壤污染指数	土壤污染面积比例	0.1671	%	逆指标
13			土壤综合污染指数	0.0244	—	逆指标
14		土壤损毁指数	压占土地比例	0.0028	%	逆指标
15			废弃撂荒土地比例	0.0073	%	逆指标
16	生态建设与保护综合效应指标层	生态建设指数	低效未利用土地开发与改良面积年均增加率	0.0010	%	正指标
17			城市绿地、湿地、水面面积年均增加率	0.0010	%	正指标
18			损毁土地再利用与恢复年均增加率	0.0010	%	正指标
19		生态压力指数	城市空气质量指数	0.0925	—	正指标
20			人口密度	0.0068	人/km^2	逆指标
21		生态建设与保护发展协调指数	人口与生态用地增长弹性系数	0.0378	—	正指标
22			人口与生态用地增长贡献度	0.0378	—	正指标
23			地区生产总值与生态用地增长弹性系数	0.0378	—	正指标
24			地区生产总值与生态用地贡献度	0.0378	—	正指标

4. 指标计算方法

江苏沿海地区土地生态状况质量指标获取办法及计算方式见表 4.20。

表 4.20　江苏沿海地区土地生态状况质量指标获取办法及计算方式

评估指标	获取办法及计算方式
年均降水量	引用气象部门已有数据
降水量季节分配	区域主要农作物生长期内降水量
土壤有机质含量	引用已有数据和布点采样调查数据
有效土层厚度	引用已有数据和布点采样调查数据
土壤碳蓄积量水平	引用不同土类有机碳密度表数据
坡度	引用 DEM 数据
高程	引用 DEM 数据
植被覆盖度	引用公式
生物量	引用遥感监测与野外调查数据
土地利用格局多样性指数	$AWMSI = \sum\limits_{i=1}^{m}\sum\limits_{j=1}^{n}\left[\left(\dfrac{0.25p_0}{\sqrt{a_0}}\right)\left(\dfrac{a_0}{A}\right)\right]$
土地利用类型多样性指数	$H = -\sum\limits_{i=1}^{m} P_i \cdot \lg P_i$ H 为土地利用类型多样性指数；P_i 为土地利用类型 i 所占比例；m 为土地利用类型的数目
斑块多样性指数	区域斑块数/总面积
无污染高等级耕地比例	无污染高等级耕地面积/总面积×100%
防护林和有林地比例	防护林和有林地面积/总面积×100%
天然草地比例	天然草地面积/总面积×100%
无污染水面比例	无污染水面面积/总面积×100%
生态基础设施用地比例	生态基础设施用地面积/总面积×100%
城镇建设用地比例	城镇建设用地/总面积×100%
土壤污染总面积比例	（重度土壤污染面积＋中度土壤污染面积＋轻度土壤污染面积）/总面积×100%
土壤综合污染指数	$P_i = C_i \big/ S_i , P = \sqrt{\dfrac{\left(\dfrac{1}{8}\sum\limits_{i=1}^{8} P_i\right)^2 + \max(P_i)^2}{2}}$ P_i 为土壤中污染物 i 的环境质量指数；C_i 为污染物 i 的实测浓度；S_i 为污染物 i 的评价标准值；P 为区域土壤污染程度综合指数
压占土地比例	压占土地/总面积×100%
自然灾毁土地比例	（重度灾毁土地面积＋中度灾毁土地面积＋轻度灾毁土地面积）/总面积×100%
土地自然灾毁程度	（重度灾毁土地面积/总面积×100%）×0.5＋（中度灾毁土地面积/总面积×100%）×0.3＋（轻度灾毁土地面积/总面积×100%）×0.2
废弃撂荒土地比例	废弃撂荒土地面积/总面积×100%
耕地年退化率	［（耕地→沙地）＋（耕地→盐碱地）＋（耕地→荒草地）＋（耕地→裸土地）］_{年内转换面积}/上一年耕地总面积×100%

续表

评估指标	获取办法及计算方式
林地年退化率	[（林地→沙地）＋（林地→盐碱地）＋（林地→荒草地）＋（林地→裸土地）]_{年内转换面积}/上一年林地总面积×100%
草地年退化率	[（草地→沙地）＋（草地→盐碱地）＋（草地→荒草地）＋（草地→裸土地）]_{年内转换面积}/上一年草地总面积×100%
湿地年减少率	[（沼泽地→其他用地）＋（滩涂→其他用地）]_{年内转换面积}/上一年湿地总面积×100%
水域年减少率	[（河流→其他用地）＋（湖泊→其他用地）]_{年内转换面积}/上一年水域总面积×100%
未利用土地开发利用面积年增加率	[（裸地→耕地、林地和草地）＋（盐碱地→耕地、林地和草地）＋（沙地→耕地、林地和草地）＋（荒草地→耕地、林地和草地）]_{年内转换面积}/上一年未利用土地总面积×100%
湿地年增加率	[（其他用地→沼泽地）＋（其他用地→滩涂）]_{年内转换面积}/上一年湿地总面积×100%
损毁土地再利用与恢复年增加率	[（损毁土地→耕地、林地和草地）＋（损毁土地→人造湖、水面等）＋（损毁土地→绿地、公园等）]_{年内转换面积}/上一年损毁土地总面积×100%
区域环境质量指数	引用各省/市/县环境质量报告书中数据
人均林草地面积	林草地总面积/总人口
人口密度	区域总人口/区域土地总面积
综合容积率	引用城镇地籍调查数据
人口与生态用地增长弹性系数	基期年前三年（包括基期年）总人口三年平均增长幅度/同期生态用地三年年均增长幅度
人口与生态用地增长贡献度	[基期年前三年（包括基期年）总人口三年平均增长量/全部评价单元总人口三年平均增长量] /（同期生态用地三年平均增长量/全部评价单元总生态用地三年平均增长量）
地区生产总值与生态用地增长弹性系数	基期年前三年（包括基期年）地区生产总值三年平均增长幅度/同期生态用地三年年均增长幅度
地区生产总值与生态用地增长贡献度	[基期年前三年（包括基期年）地区生产总值三年平均增长量/全部评价单元总人口三年平均增长量] /（同期生态用地三年平均增长量/全部评价单元总生态用地三年平均增长量）
水体污染面积比例	（重度污染水体面积＋中度污染水体面积＋轻度污染水体面积）/总面积×100%
水体污染程度	（重度污染水体面积/总面积×100%）×0.5＋（中度污染水体面积/总面积×100%）×0.3＋（轻度污染水体面积/总面积×100%）×0.2
城市绿地比例	城市绿地面积/总面积×100%
无污染低噪声住宅用地比例	无污染低噪声住宅用地面积/住宅用地总面积×100%
城市非渗透地表比例	城市非渗透地表面积/城市总面积
低效未利用土地开与改良面积年增加率	基期年前三年（包括基期年）三年平均增加率当年增加率＝[（裸地→林地和草地）＋（撂荒地→林地和草地）＋（废弃地→林地和草地）＋（空闲地→林地和草地）]年内转换面积/上一年低效未利用土地总面积×100%
城市绿地、湿地、水面面积年均增加率	基期年前三年（包括基期年）三年平均增加率当年增加率＝[（其他用地→城市绿地）＋（其他用地→城市湿地）＋（其他用地→城市水面）]年内转换面积/上一年城市绿地、湿地、水面总面积×100%

4.4 数据收集与资料整理

经过各方协调，目前收集到的数据包括：高分遥感影像，基础地理信息数据，第二次全国土地调查、土地利用变更调查、多目标地球化学调查数据，以及地形地貌、植被、气候、水资源及社会经济数据等基础和专题数据、图件，具体见表 4.21 和图 4.9。

表 4.21　收集的数据与资料清单

数据类别	生成时间	来源
第二次全国土地调查（1∶5000）	2009 年	国土资源局
土地利用变更调查（1∶5000）	2010～2017 年	国土资源局
TM 影像（30 m 分辨率）	2017 年	USGS 网站
高分辨率遥感影像（0.5 m 分辨率）	2009～2017 年	江苏省土地勘测规划院
DEM、Slope（30 m 分辨率）	2012 年	国家地球系统科学数据中心
农用地分等数据库	2012 年	江苏省土地整理中心
区域环境质量数据	2017 年	江苏省生态环境厅
VGT-S10 NDVI 数据集	2008～2017 年	VITO/CTIV 网站
气象资料	1990～2017 年	购买
31 县（市、区）统计年鉴	2009～2017 年	国土资源局、统计局
江苏统计年鉴	2009～2017 年	江苏省统计局网站
多目标地球化学数据	2010 年	江苏省地质调查研究院
乡镇土地利用总体规划	2012 年	国土资源局
耕地质量相关资料	2009～2012 年	国土资源局
相关科研项目资料	2009～2017 年	国土资源局

区域环境质量指数数据下载于江苏省环境监测网站,具体的监测站点情况如图 4.9 所示。

Attributes of 全省水质监测点

FID	Shape	断面名称	水质	经度	纬度
0	Point	泰州三水厂	1	120.13481	32.5126
1	Point	扬州三江营	1	119.7112	32.3122
2	Point	南京林山	2	118.531	31.922
3	Point	镇江金西水	2	119.396	32.228
4	Point	瓜洲水厂	2	119.37075	32.25284
5	Point	常州魏村水	2	119.93416	31.96918
6	Point	常熟三水厂	2	120.7511	31.6706
7	Point	南通狼山水	2	120.8912	31.95
8	Point	无锡沙渚	2	120.2651	31.4839
9	Point	东海小吴杨	2	118.8339	34.3696
10	Point	灌云町当河	2	119.1938	34.2645
11	Point	淮安城南水	2	119.016	33.5895
12	Point	溧阳平桥	2	119.4439	31.2208
13	Point	东台弶郎	2	120.251	32.824
14	Point	大丰泰西	2	120.4706	33.1881
15	Point	苏州西山	3	120.3117	31.1327
16	Point	无锡大溪港	3	120.3595	31.4686
17	Point	苏州乌嘴桥	3	120.557	31.4137
18	Point	徐州艾山西	3	117.9546	34.5152
19	Point	武进大兴桥	3	119.9188	31.6681
20	Point	睢宁李集桥	3	117.88	33.986
21	Point	铜山蔺家坝	3	117.1798	34.3989
22	Point	宿迁闸	3	118.3426	33.7133
23	Point	灌南肖大桥	3	119.30511	34.08423
24	Point	淮安淮河大	3	118.483	33.0529
25	Point	海安黄郭	3	120.3135	32.523
26	Point	宜兴兰山嘴	4	119.9024	31.1897

Record: ◄◄ ◄ 1 ► ►◄　Show: All Selected　Records (0 out of 42 Selected)　Options ▾

图 4.9　江苏环境监测省控站点

第5章 江苏省海岸线资源开发利用与综合评价

5.1 江苏省海岸线资源开发利用现状

5.1.1 海岸线资源开发利用格局

江苏省海岸线总长 788.16 km，具体可分为大陆岸线与岛屿岸线。其中，大陆岸线总长 732.92 km，占比为 93.8%；岛屿岸线总长 48.24 km，占比为 6.2%。海岸线开发利用总长为 436.17 km，整体开发利用率达到 55.84%（表 5.1 和表 5.2）。

表 5.1　江苏沿海岸线开发利用现状表

项目	江苏
大陆岸线总长/km	739.92
开发利用长度/km	436.17
开发利用率/%	55.84
大陆岸线开发利用长度/km	424.06
大陆岸线开发利用率/km	57.31
岛屿岸线开发利用长度/km	12.11
岛屿岸线开发利用率/%	25.10

表 5.2　江苏沿海岸线利用现状表

分类		大陆岸线	岛屿岸线
长度/km		739.92	48.24
开发利用率/%		57.31	25.10
人工岸线/km	养殖围堤	218.7	0
	盐田围堤	87.98	0
	农田围堤	24.30	0
	港口码头岸线	49.29	12.11
	工业生产岸线	29.75	0
	城镇生活岸线	6.47	0
	其他人工岸线	7.57	0
	合计	424.06	12.11
河口岸线/km	河口岸线	13.99	0

从江苏沿海大陆海岸线开发利用结构来看（图 5.1），大陆海岸线以养殖围堤（51.57%）、盐田围堤（20.75%）利用为主。

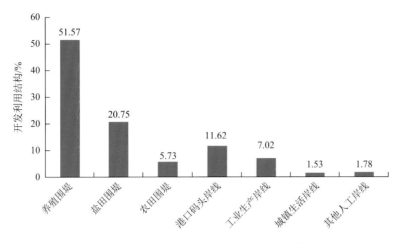

图 5.1　江苏沿海大陆海岸线开发利用结构

5.1.2　海岸线保有情况

江苏省海岸线总长 788.16 km，其中自然岸线总长 317.01 km，自然岸线保有率为 40.22%。从具体分类来看，大陆岸线自然岸线保有率为 41.35%；岛屿岸线自然岸线保有率为 64.65%，具体的海岸线自然岸线现状与利用情况见表 5.3 和表 5.4。

表 5.3　海岸线自然岸线现状表

分类		大陆岸线	岛屿岸线
长度/km		739.92	48.24
自然岸线保有率/%		41.35	64.65
自然岸线/km	基岩岸线	7.02	13.55
	砂砾质岸线	1.51	0
	淤泥质岸线	286.34	8.59
	生物岸线	0	0
	合计	294.87	22.14

表 5.4　海岸线自然岸线利用情况

分类	江苏
大陆岸线总长/km	739.92
自然岸线长度/km	317.01
自然岸线保有率/%	40.22
大陆岸线自然岸线长度/km	305.96
大陆岸线自然岸线保有率/%	41.35
岛屿岸线自然岸线长度/km	31.19
岛屿岸线自然岸线保有率/%	64.65

从自然岸线结构来看，江苏沿海自然岸线中，占比由高至低依次为淤泥质岸线（93.03%）、基岩岸线（6.49%）、沙砾质岸线（0.48%）与生物岸线（0%）。从分类来看，大陆岸线自然岸线以淤泥质岸线为主（97.11%），岛屿岸线以基岩岸线为主（61.20%）（表 5.5）。

表 5.5　江苏沿海岸线自然岸线结构情况　　　　（单位：%）

分类	大陆岸线	岛屿岸线
基岩岸线	2.38	61.20
砂砾质岸线	0.51	0.00
淤泥质岸线	97.11	38.80
生物岸线	0.00	0.00

5.2　海岸线资源综合评价

5.2.1　开发适宜性评价结果

根据海岸线资源开发适宜性评价技术方法与流程，现就江苏沿海地区海岸线资源的开发适宜性展开评价，具体结果见图 5.2 和表 5.6。

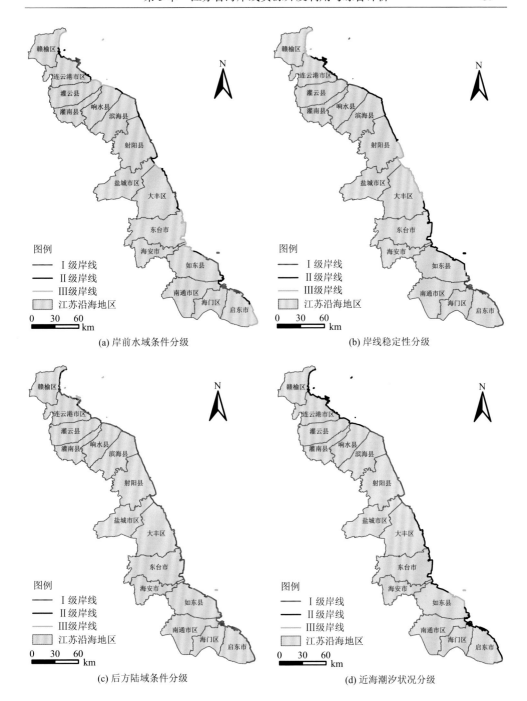

(a) 岸前水域条件分级

(b) 岸线稳定性分级

(c) 后方陆域条件分级

(d) 近海潮汐状况分级

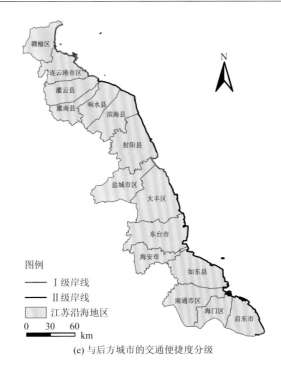

(e) 与后方城市的交通便捷度分级

图 5.2　江苏海岸线资源的开发适宜性指标评价

表 5.6　江苏海岸线资源的开发适宜性指标评价分级

分类	分级	江苏/km
岸前水域条件	Ⅰ级岸线	359.03
	Ⅱ级岸线	197.20
	Ⅲ级岸线	208.92
岸线稳定性	Ⅰ级岸线	218.02
	Ⅱ级岸线	367.52
	Ⅲ级岸线	179.61
后方陆域条件	Ⅰ级岸线	619.71
	Ⅱ级岸线	42.56
	Ⅲ级岸线	102.89
近海潮汐状况	Ⅰ级岸线	184.17
	Ⅱ级岸线	535.12
	Ⅲ级岸线	45.86
与后方城市的交通便捷度	Ⅰ级岸线	257.22
	Ⅱ级岸线	507.94
	Ⅲ级岸线	0.00

通过以上指标体系，对海岸线资源开发适宜性进行综合评价，将江苏海岸线资源划分为Ⅰ级、Ⅱ级与Ⅲ级，其中Ⅰ级开发条件最佳，适宜开发利用，Ⅱ级较适宜开发利用，Ⅲ级较不适宜开发利用。江苏海岸线资源开发适宜性条件评价结果表明，Ⅰ级岸线为372.65 km，占比48.70%，Ⅱ级岸线为338.94 km，占比44.30%；Ⅲ级岸线为53.57 km，占比7.00%。由表5.7和图5.3可知，江苏海岸线资源开发适宜性水平较高，可为未来新型城镇化建设和区域高质量发展奠定良好的基础。

表5.7　江苏海岸线资源开发适宜性评价

分级	长度/km	占比/%
Ⅰ级岸线	372.65	48.70
Ⅱ级岸线	338.94	44.30
Ⅲ级岸线	53.57	7.00
总计	765.16	100.00

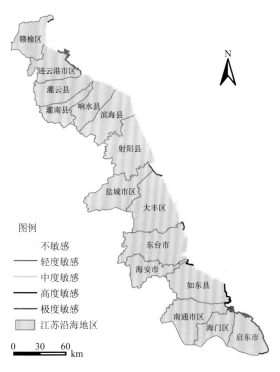

图5.3　海岸线资源生态敏感性评价

5.2.2　生态环境敏感性评价结果

依据生态敏感性评分，采用自然间断点分级法将江苏海岸线划分为不敏感、轻度敏感、中度敏感、重度敏感、极度敏感 5 个等级。评价可得（图 5.4），江苏海岸线资源中生态环境敏感岸段长度为 350.41 km，占比达 45.69%。其中，轻度敏感岸段长度为 207.62 km，占比 27.07%；中度敏感岸段长度为 12.81 km，占比为 1.67%；重度敏感岸段长度为 48.73 km，占比为 6.35%，位于大丰、如东、南通市区、海门、启东等地，主要分布着国家级自然保护区与沿海重要湿地。极度敏感岸线附近为重要渔业种质资源保护区，总长度约为 81.3 km，空间上主要分布在如东。不敏感岸段长度为 416.46 km，占岸线总长的 54.31%。

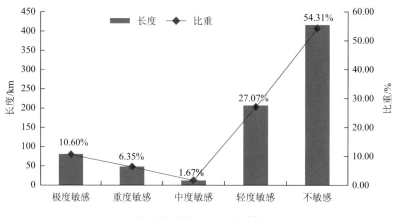

图 5.4　江苏海岸线生态环境敏感性等级评价

5.3　沿海化工发展对海岸线资源利用的影响①

5.3.1　江苏沿海化工园区发展基本情况

江苏沿海地区共分布有 12 个化工园区（集中区）（表 5.8），空间上沿海岸线、沿长江布局（图 5.5 和图 5.6）。其中，化工企业所利用的海岸线长度为 29.3 km，占江苏海岸线总长度的 3.72%。

---

① 书中使用的数据截止时间为 2017 年。

表 5.8　江苏沿海化工园区（集中区）名称一览表

序号	园区名称	所在县（市、区）
1	灌云化工园区	灌云县
2	连云港市（堆沟港）化学工业园	连云港市区
3	响水生态化工园区	响水县
4	如东沿海经济开发区洋口化学工业园	如东市
5	启东经济开发区精细化工园区	启东市
6	江苏海安经济开发区精细化工园	海安市
7	连云港徐圩新区化工产业集中区	连云港市区
8	柘汪临港产业区	赣榆区
9	江苏滨海经济开发区沿海工业园	滨海县
10	大丰港石化新材料产业园	大丰区
11	南通经济技术开发区化工片区	南通市区
12	海门灵甸工业集中区	海门区

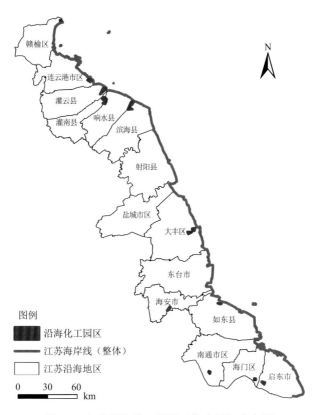

图 5.5　江苏沿海化工园区（集中区）分布图

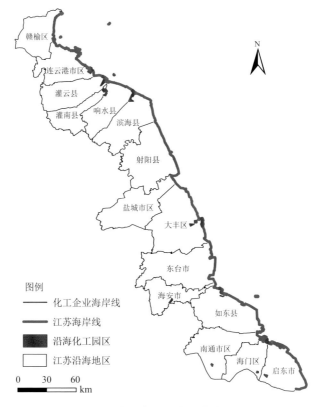

图 5.6　江苏沿海化工企业岸线分布图

1. 连云港化工园区发展

连云港从事危险化学品生产、经营、运输、储存的生产经营单位主要分布在灌云化工园区、灌南化工园区、连云港港区、连云区、经济技术开发区、徐圩新区等。

灌云县临港产业区地处连云港市南部，东临黄海，南靠新沂河与灌河口入海交会处。园区规划面积 120 km²，按照港口仓储区、精细化工区、中小企业园、石化及新材料、装备制造区等板块规划建设，重点发展港口及物流、船舶及海工装备、装备制造、精细化工、石化及新材料等产业。

连云港化工产业园区位于灌南县东北部，于 2003 年 6 月启动建设，规划面积为 30 km²，目前开发面积达 16 km²。进区企业近百家，已形成农药、染料、医药、生物化工四条产业链，下一步重点发展石油化工产业和大型造纸。

2. 盐城化工园区发展

盐城市化工园区有响水生态化工园、滨海经济开发区沿海工业园和大丰港石化新材料产业园。

　　响水生态化工园区位于盐城市响水县东北部，陈家港镇以西 1 km 处，2002 年
6 月建区，规划面积 20 km²，目前入园企业 60 多家，形成了石油化工、盐化工、
精细化工、生物化工四大支柱产业。

　　滨海经济开发区沿海工业园位于盐城市滨海县，北临黄海，距滨海市中心
38 km。该园区创建于 2002 年 5 月，近期规划面积 20 km²，现有各类化工企业
100 多家，重点发展新材料化工及新医药化工。园区远期规划面积 50 km²，重点
发展精细化工、煤化工和石油化工。

　　大丰港石化新材料产业园于 2013 年获批部分区域用于发展大型石化产业，构
建了四大主导产业链：原料多元化项目、烯烃下游产业链、苯产业链、化工新材
料产业链。

　　3. 南通化工园区发展

　　南通沿江地区有 5 个化工园区，分别是南通经济技术开发区化工片区、如东
沿海经济开发洋口化学工业园、启东经济开发区精细化工园区、海门灵甸工业集
中区、江苏海安经济开发区精细化工园（图 5.7）。这 5 个园区已分别形成新型合
成材料、现代农药、新医药、天然气化工、精细化工等特色产业，是江苏乃至全
国的重要精细化工基地，入驻化工企业 267 家，从业 8 万余人，但因园区内有 8 个
危险化学品专门区域，环保形势严峻。

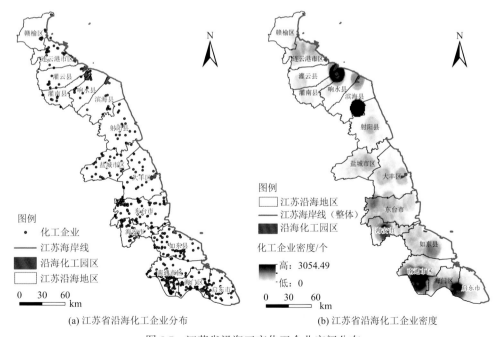

(a) 江苏省沿海化工企业分布　　　　　　(b) 江苏省沿海化工企业密度

图 5.7　江苏省沿海三市化工企业空间分布

如东沿海经济洋口化工园位于南通如东县西北方向洋北垦区，距县城 35 km、距南通 60 km、距上海 130 km。园区以精细化工、医药化工为主导，建成投产的企业有 84 家，系南通市首个"危险化学品生产储存专门区域"。污染物主要包括甲苯、氨化物、氯化物、硫化物等。

海门灵甸工业集中区精细化工园区位于南通海门区东部沿江开发带，分东、西两园区，即东区海门灵甸工业集中区、西区海门青龙化工园区。东区海门灵甸工业集中区位于城区东部 20 km 处的长江岸边，园区规划面积共 1450 hm²，以发展精细化工为主；西区海门青龙化工园位于长江入海口北岸青龙港。

启东经济开发区精细化工园位于南通启东市，园区总规划面积为 12.9 km²，东靠三和港，西至海门区交界，南临长江，北至沿江公路。

由图 5.7 可以看出，经过多年努力，江苏省沿海化工企业多迁入园区内集中布局，化工园区附近的企业密度最高，有利于集中处理三废，形成上下游闭合的产业链，规模化经营带来的集聚效应逐步显现。

5.3.2　沿海化工产业发展的生态安全影响

1. 化工产业发展的空间布局情况

江苏沿海化工园区分布总体上沿海、沿长江布局，其中沿海岸线布局主要是利用江苏沿海地区丰富的土地资源和水源条件。化工企业在空间上呈现"满天星"的分散布局，由于化工企业本身的性质，潜在安全生产风险较大，需集中入园，形成风险可控的可持续发展格局（图 5.8）。

对江苏沿海海岸线 10 km 缓冲带范围内的化工企业进行整理分析，重点对危险废弃物年产生量 1000 t 以上和工业废水年排放量超过 700 万 t 的化工企业在空间上进行标注。从图 5.9 中可知，大部分规模以上化工企业已经入园，工业废水与危险废弃物得到有效控制，但仍有部分规模以上化工企业布局分散，周边并没有很好的配套污水或者废物处理设施，潜在社会风险与生态环境保护压力较大。

2. 化工园区与生态风险区空间分布

化工园区基本与自然保护区无边界冲突，但部分化工园区紧邻重要生态功能区，存在化工产物污染生态功能区的风险。例如，大丰港石化新材料产业园距江苏盐城国家级珍禽自然保护区南部第一实验区约 10 km，距南部第二实验区边界约 6 km，距江苏大丰麋鹿国家级自然保护区约 16 km，自然保护区的生态环境与珍稀动植物保护在一定程度上制约了园区的发展（图 5.10）。

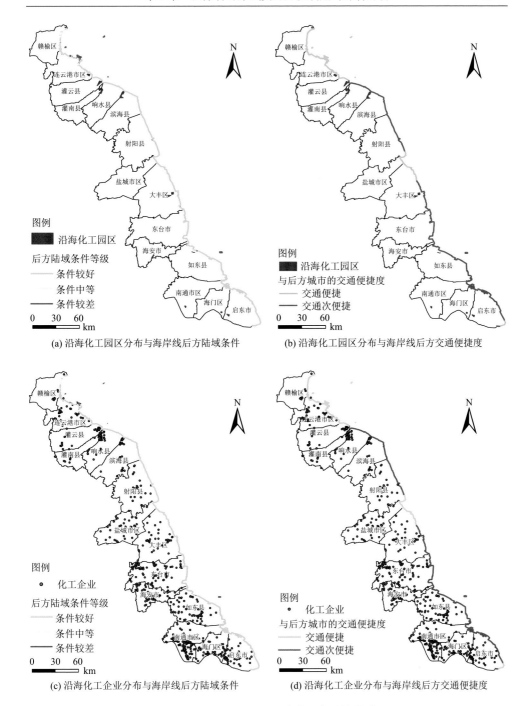

(a) 沿海化工园区分布与海岸线后方陆域条件

(b) 沿海化工园区分布与海岸线后方交通便捷度

(c) 沿海化工企业分布与海岸线后方陆域条件

(d) 沿海化工企业分布与海岸线后方交通便捷度

图 5.8　化工园区与后方陆域、交通的关系

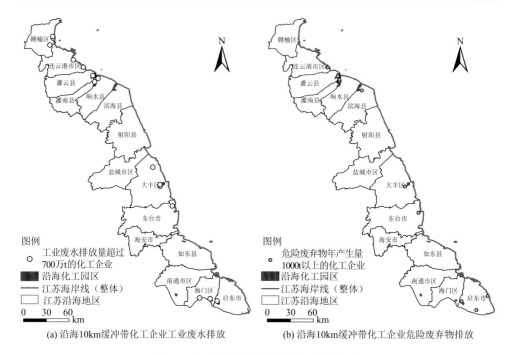

(a) 沿海10km缓冲带化工企业工业废水排放   (b) 沿海10km缓冲带化工企业危险废弃物排放

图 5.9   江苏沿海地区重点化工企业分布

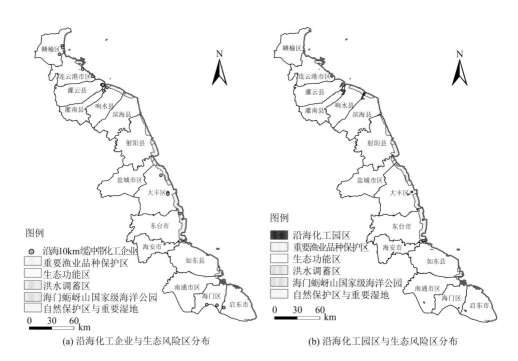

(a) 沿海化工企业与生态风险区分布   (b) 沿海化工园区与生态风险区分布

图 5.10   江苏沿海化工产业发展的生态风险

3. 化工企业布局对生态敏感区的影响

江苏沿海化工园区的分布大部分规避了对自然保护区、重要渔业品种保护区等生态敏感区域，基本符合其产业性质的空间布局要求；但是仍有部分化工园区的布局干扰或者侵占了部分生态敏感岸线，如连云港、盐城部分化工园区周边多为生态敏感岸线（图 5.11）。

图 5.11　江苏沿海化工园区分布与海岸线生态敏感性

4. 化工企业布局对社会经济发展的影响

1）化工企业与人口分布的空间关系

化工产业园区多远离人口密集的城市中心区，处于人口密度较低的区域，但是盐城市的两个化工园区（江苏滨海经济开发区沿海工业园、大丰港石化新材料产业园）附近人口较为密集（图 5.12）。除此之外，南通市南部经济技术开发区化工片区紧邻市区人口密集分布区域，此处化工产业集中，对居民日常生活造成一定程度的负面影响。

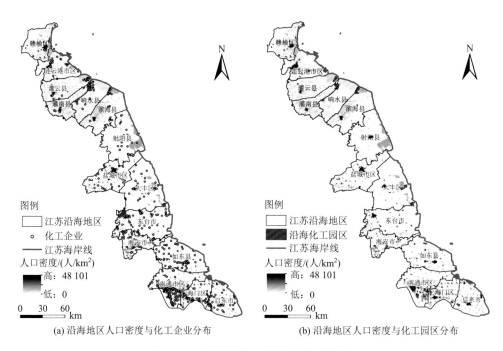

(a) 沿海地区人口密度与化工企业分布　　　　　(b) 沿海地区人口密度与化工园区分布

图 5.12　江苏沿海人口密度与化工区分布

2）化工企业分布与产业分布、城镇分布的关系

建设用地数据在《江苏近海海洋综合调查与评价图集》中土地利用类型的基础上综合最新遥感影像矢量化所得，包含工业用地、港口用地和住宅用地，能够基本反映城镇、工业的分布和人口聚集地。可以看出大型城镇出现在连云港沿海地区，部分小型村镇、工业区散落分布在江苏省沿海三市（图 5.13）。用地类型上，连云港沿海以建设用地为主，盐城沿海以盐田、养殖塘为主，南通沿海以滩涂地、建设用地（工业）为主。

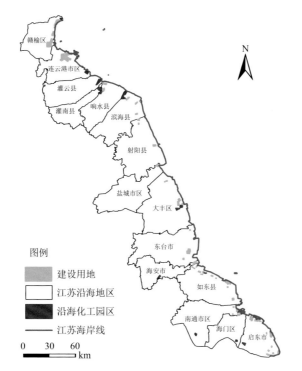

图 5.13　江苏沿海 10 km 范围内建设用地与工业区分布

第6章 沿海生态安全格局构建与岸线空间管控分区

6.1 沿海地区生态安全格局的构建

结合生态安全格局内涵和江苏沿海地区景观格局特征，以生态系统健康和理想人居环境为目标，识别区域生态安全格局的关键生态过程，拟考虑地质灾害、洪水调蓄和饮用水源安全、生态安全保护、游憩地安全 4 类；采用景观过程模拟方法，分别识别 4 类生态过程的关键生态用地及其关联通道，形成若干等级的单一过程安全格局。基于"最小-最大约束"原则，整合 4 类单一要素过程生态安全格局评价结果，构建江苏沿海地区综合生态安全格局。

6.1.1 生态安全要素的确定与构建方法

1. 关键生态要素的确定

在区域现状调查和生态问题总结的基础上，找出有利于保障或维持该地区生态系统结构和过程的完整性、保护和恢复生物多样性、实现对区域生态环境问题有效控制和改善的生态要素。按照专家建议和数据基础资料的可获取性，主要选取地质灾害、水资源、生物多样性保护、游憩水土景观 4 个方面的生态安全要素作为研究的重点，并根据各要素的生态安全指示意义和不同安全分级标准，构建和生态要素高度关联的生态安全格局（表 6.1）。

表 6.1　生态要素确定与生态安全格局构建逻辑关系

序号	区域生态问题识别	确定关键生态要素	生态安全内容	源地	构建生态安全格局
1	地质灾害隐患大	地形地貌	地震、断裂带 滑坡、坍塌 地面沉降 沙土液化	断裂带、重点滑坡与坍塌区域、重点监测的地面沉降与沙土液化区域	地质灾害安全格局
2	洪水灾害隐患、饮用水水源受到污染等	水体	洪水安全 饮用水补给 水源地保护	重要水源保护区、具有潜在调蓄洪水能力的湿地（包括各种水域和滩涂）	综合水安全格局

序号	区域生态问题识别	确定关键生态要素	生态安全内容	源地	构建生态安全格局
3	针对生物多样性锐减，动植物生境破碎化等问题	动物物种保护	生物多样性安全	焦点物种的栖息地	生物保护安全格局
4	在人文景观充斥的城镇建立符合生态文明的游憩方式，维护对乡土的主动体验	战略性游憩景观	游憩生态资源的保护	具有游憩价值的大面积水域、滩涂湿地、河流主干道等自然景观、重要的乡土文化遗产	游憩安全格局

2. 构建方法与技术路线

在研究区生态问题识别的基础上，找出有利于保障或维持该地区生态系统结构和过程的完整性、保护和恢复生物多样性、实现对该地区生态环境问题有效控制和改善的生态要素，以生态系统的承受能力为阈限因子，将不同安全水平的阈限值转变为具体的空间维（度）量，最终确定多层次的土地景观生态安全格局（图 6.1）。

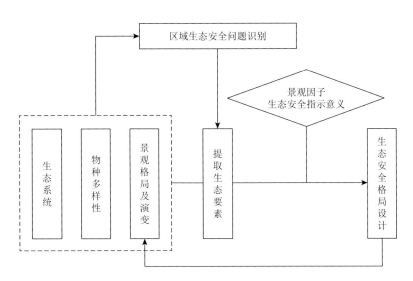

图 6.1　生态安全格局构建技术路线

景观生态安全格局构建方法是通过对景观生态过程的分析和模拟，判别对维持这些过程的健康与安全有关键意义的景观单元（俞孔坚，1999）。景观生态安全格局研究的基本假设是景观中存在着某种潜在的空间格局，它们由一些关键性的局部、点及位置关系构成；这种格局对维护和控制某种生态过程有着关键性的作用；通过对生态过程潜在表面的空间分析，可以判别与设计景观生态安全格局，从而实现对生态过程的有效控制。景观生态安全格局分析法的具体步骤如下。

1）生态源地识别

生态源地是区域内具有高生态服务功能值的大型生态斑块，如大面积的水体、林地、草地等。它们对景观整体的结构稳定性和景观功能的良性发展具有关键意义和促进作用，其生态效益可以对周边环境产生有效的辐射作用，我们将这些类型生态斑块称为生态源地。生态源地作为景观生态流的"源"，是区域内各种生态系统稳定的基础，与生态源地建有联系的小型生态斑块往往具有较高的生物多样性和对干扰较高的抵抗力，其受到干扰后，恢复也较迅速。

生态源地是各类生态过程发生的起点，区域生态安全问题的发生也总是随着生态源地的逐步侵蚀而逐渐形成的。因此，第一步就是根据不同生态环境问题，选择各类生态过程发生的源地。不同生态过程的生态源具有不同特点，生态源的确定需要在区域生态环境问题深入分析的基础上加以确定。由于生态过程的多样性与复杂性，很难完全了解和认识生态环境问题成因，于是在生态源的确定过程中，很难对造成生态环境安全问题的所有生态过程加以分析，往往选择具有代表性的生态过程加以分析。

2）构建生态过程阻力面

各种生态过程在空间上的相互交织作用就是对景观空间争夺控制的过程，这种争夺控制通过克服阻力来实现，因此，生态过程阻力面反映了生态过程在空间上发生难易的程度，生态过程阻力面即生态过程发生的潜在表面，这种潜在表面的分析可以通过不同的模型加以模拟。不同模型具有不同的优势，最小累积阻力模型综合了源、距离、景观界面等因素，体现阻力的大小不仅受距离远近的影响，而且不同界面所受到的影响力不同，因此，采用最小累积阻力模型分析生态过程阻力面具有一定的优势。基本公式如下：

$$\mathrm{MCR}_z = f \left[\min \sum_{j=1,i=1}^{N,M} (D_{i,j,z} \times R_i) \right]$$

式中，f 为一个未知的正函数；MCR_z 为区域上第 z 点对某生态过程的阻力；$D_{i,j,z}$ 为生态源 j 到景观类型 i 的第 z 点的距离；R_i 为景观 i 对该生态过程的阻力；N 为生态源数目，根据不同生态过程的定义来确定；M 为景观类型数。虽然函数 f 大多数情况下是未知的，但 $(D_{i,j,z} \times R_i)$ 的累积值可以被当作某种生态过程从源到空间内第 z 点的相对可达性程度的衡量。其中，从所有源到该点阻力的最小值被用来衡量该点的易达性。因此，阻力面反映了生态过程的潜在可能性及趋势。

6.1.2　单一要素生态安全格局构建

1. 地质灾害安全格局

通过对江苏沿海地区的基本地质地貌情况调查，对地质灾害的评价，综合考虑滑坡、崩塌、地面沉降、地面塌陷、泥石流地质灾害和软土、沙土液化等不良土质的分布状况，采用综合加权判别的方式进行。生态要素（地质地貌）生态指示意义及生态安全等级划分原则，具体见下表 6.2。

表 6.2　生态要素（地质地貌）生态安全内容及生态安全等级划分

生态要素	生态安全内容		生态安全等级	生态安全格局
地质地貌	抗震烈度	6 度	1	地质灾害安全格局
		7 度	2	
		8 度	3	
	断裂带	低度影响	1	
		中度影响	2	
		高度影响	3	
	坍塌	—	3	
	滑坡	—	2	
	地面沉降	—	2	
	沙土液化	—	2	

1）地质地貌空间安全特征

江苏沿海地区地质地貌空间安全特征如图 6.2 所示。

抗震烈度：江苏沿海地区西北部的东海县抗震烈度值最高，达到 8 度，地震风险最高；中部地区的抗震烈度居中，达到 7 度；其他地区地震风险较低，危害较小。

断裂带：江苏沿海地区境内主要的地震断裂带为北部的黑林—柘汪断裂带、邵店—板浦断裂带，中部的洪泽—流均断裂带，以及位于南通市的湖苏断裂带，上述几条断裂带均为更新世的深度大断裂带，对区域地质稳定性产生较大影响。

坍塌：江苏沿海地区的地质条件整体相对稳定，坍塌区空间分布范围较小，主要位于北部赣榆区内。

滑坡：主要位于区域北部的东海县、赣榆区及连云港市区的东部地区，此地多为山地丘陵，地形起伏较大，短时降水集中，较易引发滑坡等地质灾害。

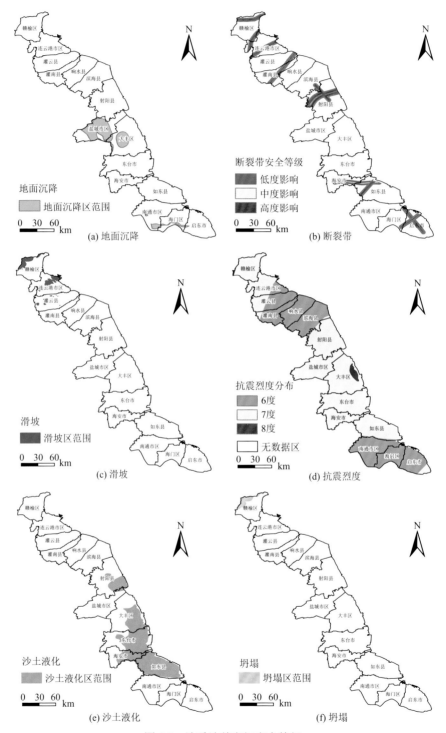

图 6.2　地质地貌空间安全特征

地面沉降：主要位于中部的盐城市区、大丰区，以及南通市沿长江地区，多为近百年淤积围垦而来，地质不稳定，易出现地面沉降现象。

沙土气化：主要分布在盐城市的射阳县、大丰区、东台市，以及南通市内的如东县、海安市等的部分地区。

2）地质灾害防护安全格局

通过 GIS 软件采用栅格镶嵌法将江苏沿海地区内的采空区、崩塌范围、地震断裂、滑坡敏感性安全格局进行叠加分析，得到综合地质灾害安全格局（图 6.3）。

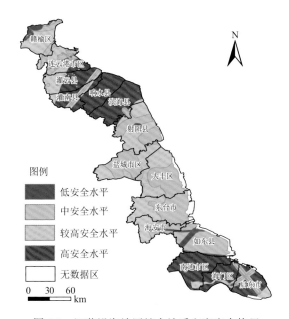

图 6.3　江苏沿海地区综合地质灾害安全格局

地质灾害安全性较小的区域主要位于北部的山地丘陵区，这些地区地质条件复杂，地形起伏较大，海拔较高，容易发生崩塌、滑坡地质灾害，加之近年来采矿活动的开展，地面塌陷等地质灾害易发；南通市的如皋与海门等地的安全性水平也较低，这主要是此地处于断裂带上、地质不稳定等因素所致的；江苏沿海地区其他地区地质灾害威胁较小。

2. 综合水安全格局

1）洪水调蓄安全格局

江苏沿海地区位于江淮沂沭泗等江河尾闾，是洪、涝、潮、台"四灾"易发地区。经过长期建设，防灾减灾能力有一定提高，但现状功能体系尚不完善，洪水威胁依然存在，排涝减灾任重道远。目前，通过修筑堤坝防治洪水是常见的做法，这种方法一定程度上对防治洪涝灾害发挥了作用，但修筑堤坝有一定的防洪标准，当洪涝灾害一旦超过设计标准时，将会带来更为严重的后果，同时由于对水流运动路径的改变，加快了水资源的运动速度，不利于水源涵养，导致旱季时无水可用的局面。此外，这种方式改变了生物生存环境，对生物多样性也会造成重要影响。治水应因势利导，充分利用地形条件和地表覆被，保护天然的滞洪泄洪空间，不仅能发挥自然的滞洪泄洪功能，同时对生态环境的保护具有重要的作用。洪水调蓄安全格局的建立就是通过对自然湿地、河流、湖泊、水库及一些低洼地的保留，达到利用其自然蓄洪、泄洪的作用，其关键在于对水文情况的掌握。为此，本书借助 GIS 技术，利用 ArcGIS 中 DEM 对区域水文情况进行模拟，在空间上明确具有调蓄洪水能力的范围及河流汇水点、出水口等战略点。然后，根据洪水发生的不同频率和洪水淹没区进行模拟，构建高、中、低不同防洪水平下的安全格局。

（1）具有潜在调洪功能的低洼地范围。首先，利用 ArcGIS 水文分析模块，利用 DEM 数据对汇水区域、径流方向进行分析，明确蓄洪区的空间范围及泄洪口，由于汇水点及泄洪口在防洪过程中处于关键性地位，因此将其作为控制水流运动的战略点（图 6.4）。在明确防洪战略点的基础上，结合江苏沿海地区土地利用现状图，提取河流水面、湖泊水面、水库水面、内陆滩涂及高程数据分析所得的洼地作为防洪源（图 6.5）。

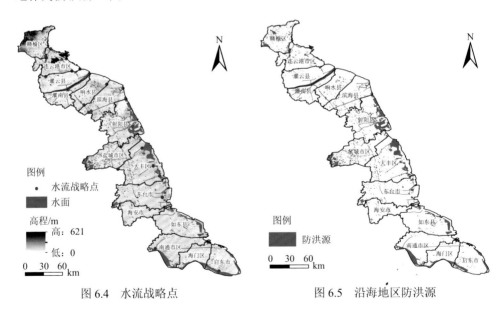

图 6.4　水流战略点　　　　　　　图 6.5　沿海地区防洪源

（2）洪水淹没区分析。受地表径流数据难以获取的制约，本书利用 ArcGIS 10.2 软件中的 Hydrology 模块对洪水自然过程进行"无源淹没"模拟。仅考虑因降水而造成的水位抬升，对区域内的淹没区进行分析。"无源淹没"方法是指所有海拔低于指定水位的区域都可划定为淹没区。由于域内分属长江与淮河两大流域，根据长江与淮河洪水特性及中下游平原区水文资料及历年洪水资料，50 年一遇洪水位为 6.9 m，20 年一遇洪水位为 4.4 m，10 年一遇洪水位为 3.3 m。按照不同风险级别的洪水水位，构建了 50 年一遇、20 年一遇和 10 年一遇三类风险频率的洪水淹没区。

（3）建立区域防洪安全格局。河流、湖泊、水库、滩涂，以及洼地及其缓冲区对洪水具有潜在的调蓄作用。根据不同级别洪水对缓冲区宽度的要求（表 6.3），确定出不同安全级别下的缓冲范围，进而明确由区域河网、湖泊、水库等景观要素及其缓冲区所构成的高、较高、中、低四种安全等级的综合防洪安全格局（图 6.6）。

表 6.3　三种安全水平下的防洪安全格局

安全水平	洪水级别	缓冲区范围/m	本书选用范围/m
低安全水平 10 年一遇	一般	0～50	30
中安全水平 20 年一遇	较大	50～80	70
较高安全水平 50 年一遇	大	80～150	120
高安全水平		无洪水威胁	

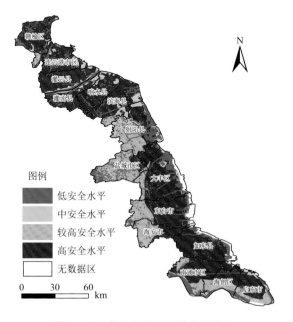

图 6.6　江苏沿海地区防洪安全格局

2）饮用水源安全格局

江苏沿海地区淡水资源缺乏，淡水供给主要依靠境内地表河流、水库及湖泊等的补给。为保证区内居民的饮用水供给与饮用水安全，避免水体污染和水源枯竭，应对河流等饮用水源与湿地周边划定的缓冲区进行保护。饮用水源涵养区的保护直接关系着区域局部气候及水资源保护。其具体功能在于通过林冠截留、树干截留、林下植被截留、枯落物持水和土壤储水对大气降雨进行再分配，从而达到调节地表径流、缓洪蓄水、增加水资源的目的（董伟等，2010）。同时，饮用水源与湿地植被缓冲带对于改善水质具有重要意义，一般 300～500 m 宽的缓冲带可过滤掉大部分水体中的磷元素，同时通过土壤微生物过程可以把水中几乎全部氮元素去除掉。饮用水源与湿地缓冲带过滤污染物的能力与植被结构、地形、土壤状况等因素密切相关，底层土壤越疏松、缓冲带微地形越复杂，以及有大量凋落物及草本地被等都将增加河岸缓冲带的污染物过滤功能。因此，本书根据江苏省主体功能区规划，以该规划中重要生态保护区中划定的饮用水源与湿地禁止开发区域作为低水平安全地区，将该规划中饮用水源与湿地限制开发区域作为中安全地区，同时将禁止开发区域 500 m 和限制开发区域 300 m 范围的缓冲区作为较高安全地区，其他区域均为高安全区域；最后通过空间叠加，得到江苏沿海地区饮用水源安全格局（图 6.7）。江苏沿海地区禁止开发区与限制开发区中的饮用水源地具体情况可见表 6.4 和表 6.5。

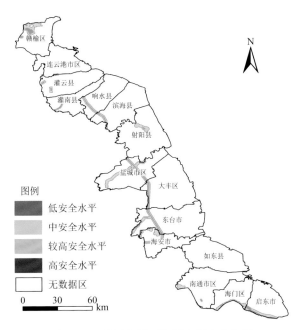

图 6.7　江苏沿海地区饮用水源安全格局

表 6.4　禁止开发区中饮用水源地

名称	功能	性质	面积/km²
南六塘河饮用水源保护区	水源水质保护	禁止开发	1.22
叮当河饮用水源保护区	水源水质保护	禁止开发	3.10
古泊善后河饮用水源保护区	水源水质保护	禁止开发	2.11
夏仕港清水通道维护区			0.01
南通市西北片区域供水水源地			1.21
如海运河清水通道维护区			12.71
洋口饮用水水源保护区（禁止片区）			3.67
洪港水厂水源保护区			0.42
启东长江口（北支）湿地省级自然保护区			74.37
蟒蛇河饮用水源保护区			0.89
盐城市区饮用水源保护区			1.32
通榆河（盐城市）清水通道维护区			58.76
泰东河清水通道维护区			1.06
西塘河水源涵养区			1.22
阜宁县饮用水源保护区			2.94
射阳县饮用水源保护区			2.34
安峰山水源涵养区			19.08
塔山水源涵养区			27.70
大夹山生态公益林	水源涵养、水土保持	禁止开发	1.92
古泊善后河饮用水源保护区			2.89

表 6.5　限制开发区中饮用水源地

名称	功能	性质	面积/km²
房山水源涵养区	水源涵养、水土保持	限制开发	12.45
武漳河重要湿地	生物多样性、自然与人文景观保护	限制开发	14.68
古泊善后河饮用水源保护区	水源水质保护	限制开发	5.13
里下河重要湿地			58.98
南通市西北片区域供水水源地			3.62
如海运河清水通道维护区			82.15
洋口饮用水水源保护区（限制片区）			10.92
长江（海门）重要湿地			23.61
新通扬、通榆运河清水通道维护区	水源水质保护	限制开发	26.37

名称	功能	性质	面积/km^2
启东长江口（北支）湿地省级自然保护区			91.26
长江（通州段）重要湿地			34.12
蟒蛇河饮用水源保护区			76.93
盐城市区饮用水源保护区			17.36
泰东河清水通道维护区	水源水质保护	限制开发	90.19
马家荡重要湿地			48.19
西塘河水源涵养区			121.10
通榆河（盐城市）清水通道维护区	洪水调蓄	限制开发	373.54
阜宁县饮用水源保护区		限制开发	50.51
射阳县饮用水源保护区			52.61
安峰山水源涵养区			35.12
马陵山水源涵养区			79.85
李埝水源涵养区			110.88
塔山水源涵养区			70.37
神龙泉水源涵养区			33.23
叮当河饮用水源保护区	水源水质保护	限制开发	12.08
古泊善后河饮用水源保护区			6.57

3）综合水安全格局的构建

将洪水调蓄安全格局、饮用水源安全格局进行叠加分析，得到综合水安全格局。图 6.8 通过管理控制格局内土地利用，可以达到保护饮用水资源，维护并强化沿海地区水系格局的连续性和完整性，以及保障洪水调蓄安全三方面的目的。

3. 生物保护安全格局

生物多样性消失是全球范围面临的主要生态环境问题之一，随着社会经济发展，人类社会足迹不断扩大，生物栖息地日益减少和破碎。通过识别生物保护源地和生物活动廊道，进一步优化区域景观格局，实现由简单保护物种向重点保护生态系统健康方式的转变，不仅能有效地构建区域生物保护基础设施，更能长久地维持区域生物的良性循环。建设用地扩张带来的生物多样性的消失主要是动物多样性的消失（肖长江，2015），因此，本书中主要分析动物多样性保护。生物多样

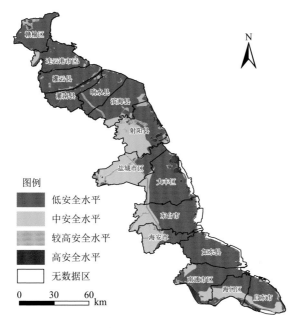

图 6.8　江苏沿海地区综合水安全格局

性保护无法对每一种生物进行设计，使景观格局符合每一种生物要求。现有生物多样性保护研究中，Lambeck（1997）提出了焦点物种保护方法，即通过分析与识别场地所面临的主要威胁，找出针对威胁最需要保护的焦点物种，假设其需要得到满足，那么所有物种的需要也都可以得到满足。多个焦点物种可表征全部物种所处栖息地的不同侧面，并将这些物种视为焦点群落，通过对该焦点群落所需的栖息地进行恢复、保护与管理，以达到保护大多数物种乃至整体生物多样性的目的（Brooker，2002）。在生物保护数据相对缺乏，且物种与栖息地正面临越来越严重威胁的情况下，焦点物种保护途径不失为一种高效可行的途径（胡望舒等，2010）。因此，本书选择焦点物种分析方法构建生物保护安全格局。

　　运用焦点物种分析法首先需要针对物种面临的威胁选取合适的焦点物种，对其生物与生态学习性进行研究，其次，运用景观安全格局理论识别焦点物种所需的关键性空间格局，即通过对其进行栖息地适宜性（垂直）分析和物种运动阻力面（水平）分析，得到单一物种的生物安全格局。最后，将单一的生物安全格局进行叠加和规划，得到区域尺度上综合生物安全格局。江苏沿海地区位于全球动物地理区系的古北界和东洋界的交界处，是候鸟南北迁徙的重要通道，对候鸟安全的保护及全球动物多样性保护具有重要意义。同时为实现对本地生物多样性进行保护，本书将分别在候鸟与留鸟生物安全格局分析的基础上，结合二者分析结果，构建江苏沿海地区生物保护安全格局。

江苏沿海地区焦点物种选择原则如下。

（1）江苏沿海地区以平原、丘陵为主的地貌特征，人类活动频繁，不适宜大型兽类的生存活动，因此其数量稀少，一些珍稀濒危物种已得到了有效保护，因此用大型兽类指示城市化地区栖息地不合适；类似花鼠这样的小型兽类对于城市化所引起的栖息地变化的敏感性较低且缺乏详细资料，也不适宜做生物过程分析。

（2）两栖类由于身体结构的特点，对于水质有着非常敏感的要求，虽然江苏沿海地区的河流水网密集分布，但是工业和生活污染，造成水质性缺水，已使部分地段两栖类动物消失，或仅余大蟾蜍一种，因此两栖类动物难以全面代表某一典型栖息地类型。

（3）鱼类的栖息地类型较为单一，对其他物种代表性不强，且河流污染河道渠化、鱼类多是由人工养殖等原因，使得沿海地区鱼类多样性丧失严重，因此鱼类不适宜作为焦点物种。

（4）江苏沿海地区处于从亚热带向暖温带的过渡区，位于多种候鸟春秋两季迁徙的通道上，有着丰富的鸟类多样性，据资料统计，沿海地区鸟类种类大约占全国的三分之一，在我国北方候鸟保护中具有重要的地位，且从现有的研究与实践来看，受农业等人类活动影响较大地区多选鸟类为焦点物种，本书研究对象更多偏向此类型。

综上所述，将鸟类作为江苏沿海地区生物安全格局的焦点物种最为合适。接下来，对沿海地区内 400 余种鸟类进行分类分析与遴选：首先根据居留状况排除迷鸟、偶见种等不常见物种，其次排除栖息地过于特殊或普遍的属或种（如麻雀），再选出若干生态特征典型，不在食物链末端又有广泛分布的属，研究其详细特征与习性，并在专家建议和文献查阅基础上排除因资料有限而无法深入研究的种或属，最终选出在各方面都具有代表性，在江苏沿海地区有较广分布且面临威胁，可引起公众关注的两个物种（图 6.9 和图 6.10），其具体的特征情况可见表 6.6。

图 6.9　白鹭基本生存图

图 6.10 灰喜鹊基本生存图

表 6.6 所选焦点物种分析

物种	白鹭	灰喜鹊
生态特征	涉禽，夏候鸟	平原和低山鸟类，活动半径小，留鸟
居留情况与分布	全世界均有分布	中国东北至华北，西至内蒙古，山西，甘肃，四川，以及长江中、下游直至福建
栖息地特征与类型	受人类活动影响较小的湿润或漫水地带及周边乔木林	栖息于开阔的松林及阔叶林，公园和城镇居民区
对其他物种的代表性	√	√
详细生物学习型	√	√

1）基于栖息地适宜性分析的候鸟保护安全格局

由于本书选择焦点物种进行分析，而焦点物种并不一定是珍稀物种，焦点物种更多的是常见物种，因为常见物种更能体现其普遍性，白鹭作为江苏沿海地区的常见候鸟类型，对其生境或栖息地的保护对于候鸟的保护具有代表性，因此选择白鹭作为焦点物种。白鹭以鱼类为主要食物，其生境分化与水体具有密切关系，河流、湖泊、坑塘地段是其常出没的地区，所以将这些地区作为白鹭的栖息地（也就是生态源地）。此外，由于白鹭受人类活动干扰较大，栖息地常常远离城镇区域。另外，坡度对白鹭的生存也有一定的影响。为此，结合江苏沿海地区自然条件及土地利用现状，构建了以白鹭为代表的候鸟栖息地生境适宜性评价指标体系（表 6.7），利用候鸟生境空间适宜性评价（图 6.11 和图 6.12），判别其适宜性缓冲区和生态廊道，以此构建沿海地区候鸟栖息地生境安全格局，结果如图 6.13 所示。

表 6.7　江苏沿海地区候鸟栖息地生境适宜性评价指标体系

类型	评价因子	分级	分值	权重
1	土地覆盖类型	河流水面、湖泊水面、水库水面	10	0.5
		滩涂、坑塘水面、沟渠	8	
		有林地、其他林地	6	
		水田、水浇地、旱地	5	
		茶园、果园、其他园地、其他草地	4	
		设施农用地、田坎、农村道路、风景名胜地	3	
		建制镇、城市、村庄、采矿用地	2	
		交通用地、水工建筑用地	1	
2	距城镇、农村居民点距离/m	>1000	10	0.3
		500～1000	6	
		0～500	1	
3	坡度/(°)	0～5	10	0.2
		5～15	8	
		15～25	4	
		25～60	2	
		60～90	1	

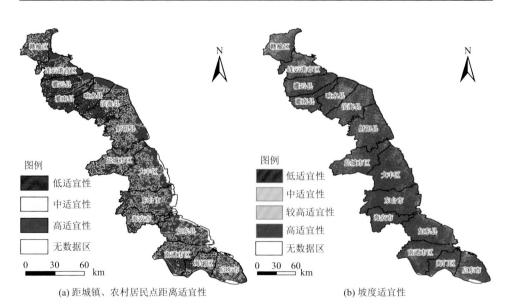

(a) 距城镇、农村居民点距离适宜性　　　　　(b) 坡度适宜性

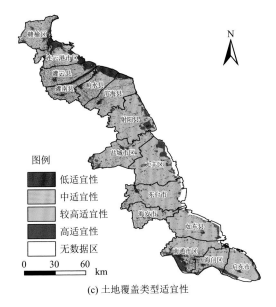

(c) 土地覆盖类型适宜性

图 6.11　候鸟生境单因素适宜性

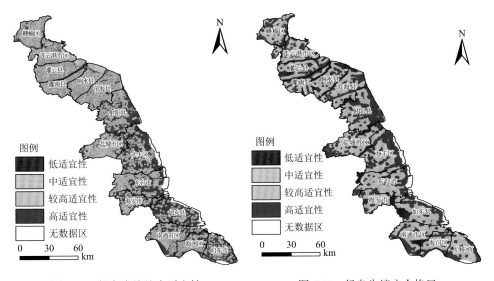

图 6.12　候鸟生境综合适宜性　　　　　　图 6.13　候鸟生境安全格局

2）基于阻力面分析的留鸟保护安全格局

同候鸟安全格局构建一样，留鸟的选择同样要具有一般性，江苏沿海地区常见的留鸟有灰喜鹊、麻雀等类型，它们生存所需生境条件基本反映了大部分留鸟的生境需要，因此本书在这几类中选取灰喜鹊作为研究对象。留鸟的特性是飞行距离较短，土地覆盖类型对它们的觅食空间具有重要影响，不同用地类型对其觅食所产生的影响较大，所以根据不同覆盖类型对灰喜鹊觅食所产生的不同影响，建立最小阻力模型来分析其保护安全格局。

首先，明确留鸟的栖息地（也就是生态源地）。相关研究表明，灰喜鹊的活动半径一般为 3 km。林地是其常见的栖息地，故选取一定规模的林地斑块作为源地。根据江苏沿海地区 2015 年土地利用现状图，选择面积大于 10 hm^2 的林地作为留鸟的栖息地。

其次，构建留鸟水平运动阻力面。留鸟的水平运动是从栖息地出发，克服飞行空间阻力向四周扩散的过程。不同土地利用类型对留鸟水平运动所产生的阻力不同。根据留鸟栖息地的土地利用类型，假定邻近地块特征与林地越相似则对留鸟水平运动所产生的阻力就越小。据此，本书将江苏沿海地区土地利用类型划分为十类，根据专家打分法确定各用地类型的阻力系数（表 6.8）。在明确不同土地利用类型相对阻力大小的基础上，将江苏沿海地区土地利用现状图转换为栅格数据，利用 ArcGIS 的栅格分析模块构建阻力面，通过费用距离（cost distance）分析得到留鸟在区域范围内水平运动的累积阻力面，并且通过阻力判别缓冲区和生态廊道，进而构建高连接度的江苏沿海地区留鸟保护安全格局。

表 6.8　江苏沿海地区留鸟生境适宜性评价

阻力因子	分类	阻力系数
土地利用类型	有林地	0
	其他林地	10
	水库水面、河流水面、湖泊水面、坑塘水面	20
	其他草地	30
	内陆滩涂	50
	水田、水浇地、茶园、果园、其他园地	100
	旱地、田坎、沟渠、设施农用地、农村道路	200
	风景名胜特殊用地	300
	城市、建制镇、村庄、采矿用地	400
	交通用地、水工建筑用地	500

由于灰喜鹊的活动半径一般为 3 km，超出 3 km 范围的地区，其到达的可能性较小（张天印等，1979），故仅提取栖息地周围 3 km 以内的累积阻力数据，分析留鸟生境保护适宜性等级（图 6.14）。由于随着源地缓冲区半径的不断扩大，累积阻力值将会发生急剧变化，或急速增加或急速减少。根据自然断点法对累积阻力值进行划分，可将阻力面划分为 4 个等级，进而形成高、较高、中、低 4 个水平的留鸟生境安全格局（图 6.15）。

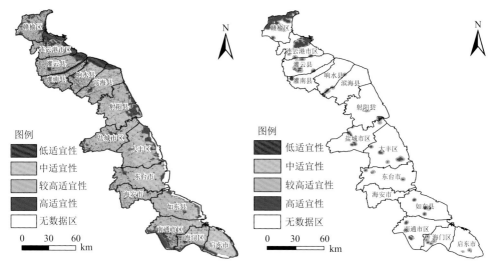

图 6.14　留鸟生境综合适宜性　　　　　　　图 6.15　留鸟生境安全格局

3）综合生物保护安全格局

可以认为上述候鸟和留鸟所指示的栖息地类型受到同等威胁,因此在综合生物保护安全格局的构建中同等重要而具有相同权重。将两个单一物种安全格局进行叠加,通过析取运算并集取最大值,得到综合安全格局阻力面。遵循保护生物学的基本原则,如保证各源地之间至少有一条廊道连接,通过在重要廊道交叉点引入斑块等方式,来避免出现飞地式斑块在生态敏感区域而增大缓冲区面积,进行人工判别和规划,最终确立江苏沿海地区综合生物保护安全格局(图 6.16)。根据对核心栖息地和物种空间运动的保护程度,将该格局分为低、中、较高、高 4 种安全水平:低安全水平格局是生物安全保护的最基本范围,相应地,高安全水平格局是维护区域生物过程的理想景观格局。不同安全水平的面积及比例见表 6.9。

表 6.9　不同水平的生物保护安全格局

生物安全格局等级	面积/km²	比例/%
低	3 866.3	11.6
中	6 294.1	18.9
较高	9 128.0	27.3
高	14 082.1	42.2

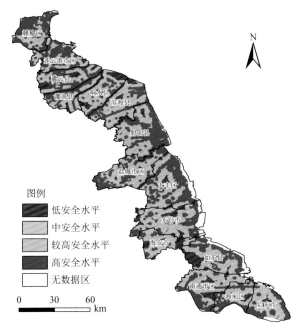

图 6.16　江苏沿海地区综合生物保护安全格局

4. 游憩安全格局

江苏沿海地区作为开展生态旅游的重要地区，对生态旅游资源具有较高要求，并且随着社会经济的发展，人们对休闲旅游用地的需求也将日益增加，对具有较高旅游价值的生态用地进行判别并保护具有重要意义，而游憩安全格局的构建可以实现这一目的。游憩安全格局是一种保障人们休闲旅游的水平运动过程不受影响的格局，它侧重于从休闲游憩的角度来判别区域的景观，强调综合分析江苏沿海地区区域内适宜游憩的各种景观格局。

（1）游憩景观源的确定。江苏沿海地区，生态环境良好，自然风景优美，境内的丘陵自然覆被丰富，大面积的湖泊、滩涂湿地广泛分布于境内，而河流水系则十分发达，南北、东西向的水系将沿海地区勾勒出一张网，十分适合旅游休闲。同时，区域内众多历史遗迹、古镇等人文景观要素对人们游憩娱乐具有重要价值。故本书将区域内具有旅游休闲价值的自然景观与人文景观一同作为游憩景观的源地。主要的游憩景观源有区域内的大面积水域、滩涂湿地、河流主干道、海拔高于 20 m 的丘陵山地、面积分布较大的林地及乡土文化遗产等（图 6.17）。

（2）游憩安全格局构建。游憩安全格局主要是保护方便人们旅游休闲的空间，不同覆盖类型对人们旅游休闲所带来的方便性程度是不同的，本书采用专家打分法，确定了各影响因素及其阻力系数值（表 6.10），并以此来构建阻力面（图 6.17），最终得到江苏沿海地区游憩安全格局（图 6.18）。

表 6.10 游憩过程阻力要素及阻力系数表

阻力因子	分类	阻力系数
土地利用类型	有林地	100
	其他林地	150
	其他草地	200
	设施农用地、农村道路、田坎、沟渠、坑塘水面	250
	水田、水浇地、旱地、茶园、果园	300
	城市、建制镇、村庄、采矿用地、交通用地、水工建筑用地、沿海滩涂	500
水系、湿地、山体	水库水面、河流水面、湖泊水面	0
乡土文化遗产景观	—	0
	—	0

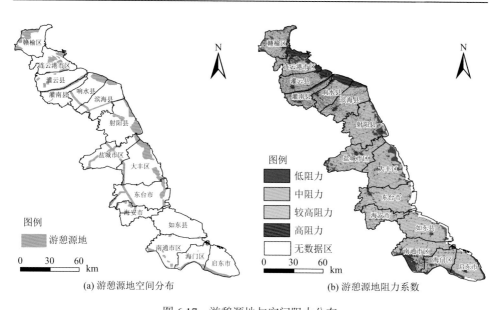

(a) 游憩源地空间分布   (b) 游憩源地阻力系数

图 6.17 游憩源地与空间阻力分布

6.1.3 综合生态安全格局构建

地质灾害安全格局、综合水安全格局、生物保护安全格局及游憩安全格局分别从不同的方面为区域生态服务系统的健康和安全提供了保障。由于 4 种安全格局是针对区域不同的生态环境问题进行分析构建的，对于区域的生态安全具有同等重要的意义，相互之间不可替代。因此，在进行综合生态安全格局叠加分析时，采用栅

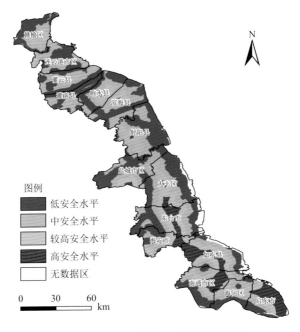

图 6.18　江苏沿海地区游憩安全格局

格单元最小值统计方法进行计算（"综合取低"原则），即只要任一状态过程在某一栅格为低安全水平，则栅格的最终安全水平为低安全水平，在 ArcGIS 软件中实现过程：对各单一生态安全格局图层进行逐个栅格统计，按照每个栅格单元的最小值输出最终结果，由此得到江苏沿海地区综合生态安全格局。

　　基于景观生态学的"过程-格局"理论，借助 GIS，对维护江苏沿海地区上述基本生态系统服务的单一土地生态安全格局进行了构建，最后通过空间综合，形成不同安全水平的江苏沿海地区综合生态安全格局。如图 6.19 所示，具体生态安全格局为以北部林地、水系、湖泊及其沿岸滩地为生态保护源地，以区内山地、水库、坑塘、农田等为重要的生态斑块，以水系、沟渠、道路等线状要素形成的生态廊道，在城镇周围形成了连续完整的生态基础设施，在城市和郊区间形成了有效的生态屏障，为保障江苏沿海地区生态的健康和可持续发展奠定了基础。

　　通过空间分析技术，将江苏沿海地区生态安全格局进一步分为 4 类区域，即低安全水平格局面积 2259.0 km²，占总面积的 8.9%，是保障区域生态安全的基础，需严格保护；中安全水平格局面积 6771.2 km²，占总面积的 26.7%；较高安全水平格局面积为 9796.4 km²，占总面积的 38.7%；高安全水平格局面积 6496.5 km²，占总面积的 25.7%，是未来建设用地空间扩张的重点区域。

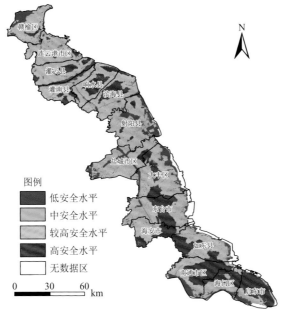

图 6.19　江苏沿海地区综合生态安全格局

6.2　江苏沿海土地开发对生态安全的影响

6.2.1　对区域生态用地的影响

生态用地指以发挥自然生态功能为主,具有重要生态系统服务功能或生态环境脆弱、生态敏感性较高的土地,它关系区域生态系统的稳定性和安全性。建设用地开发利用过程中,会不同程度地占用生态用地,进而可能给区域的生态安全带来隐患。

生态用地既包含具有较强自我调节、自我修复、自我维持和自我发展能力的土地,也包括自身生态系统脆弱甚至生态功能退化的土地。生态用地涵盖的土地类型主要包括林地、草地、水域和未利用地 4 个类别。其中,林地、草地和水域等能通过维持自身生态结构和功能对主体生态系统的稳定性、高生产力及可持续发展起到支撑与保育作用,对区域自然生态环境起到重要调节作用。而未利用地则是那些生态脆弱、功能退化的土地,需要进行生态修复和生态建设。

1996～2015 年,伴随着建设用地面积的不断增加,江苏沿海地区生态用地面积总体上呈逐渐减少态势(图 6.20),特别是 2001～2006 年,减少速度较快,2009～2015 年也是呈逐年减少态势,而 2009 年较 2008 年生态用地面积显著增加,主要是数据统计口径不同导致的,两个时间段生态用地面积均呈减少态势。2006 年生态用地面积相较 1996 年减少了 11.4%，减少面积为 2422.2 km²；2015 年生态用地面积相较 2009 年减少了 1.4%，减少面积为 12 508.6 km²，年均减少 2084.7 km²。相对应地，2006 年建设用地面积相较 1996 年增加了 10.2%，增加面积为 516.4 km²；2015 年建设用地面积相较 2009 年增加了 3.0%，增加面积为 448.6 km²，年均增加 74.8 km²。

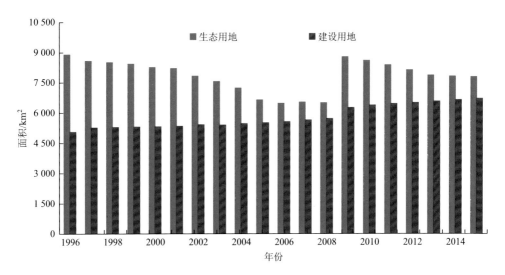

图 6.20　江苏沿海地区 1996～2015 年生态用地与建设用地面积变化

1996～2015 年，江苏沿海地区生态用地的面积发生了很大变化，生态用地的结构也发生了很大变化（图 6.21），林地占比由 1996 年的 5.1%减少到 2015 年的 3.2%，草地占比由 1996 年的 0.4%增加到 2015 年的 1.5%，水域占比由 1996 年的

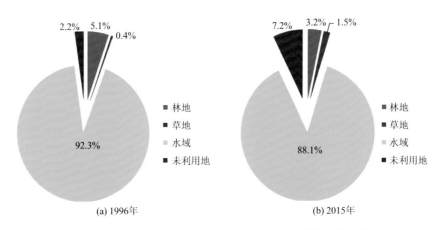

图 6.21　江苏沿海地区 1996 年和 2015 年生态用地结构变化

92.3%减少到 2015 年的 88.1%，未利用地占比由 1996 年的 2.2%增加到 2015 年的 7.2%，两个时间点均以水域占绝对优势，水域构成了江苏沿海地区生态用地的主体。

1996~2015 年，从江苏沿海地区生态用地面积变化情况来看［图 6.22（a）］，南通市的启东市、如东县、市区，盐城市的大丰区、东台市、射阳县、响水县、市区，连云港市的灌云县、市区的生态用地面积呈减少状态，其他各县市区生态用地呈增加状态。其中，南通市区生态用地面积减少最多，为 102.8 km²，其次是东台市，再次为盐城市区；滨海县生态用地面积增加最多，为 80.0 km²，其次为赣榆区。

从生态用地比重变化情况来看［图 6.22（b）］，1996~2015 年，生态用地面积比重下降较高的地区为连云港市区、南通市区、盐城市区等中心城区，以及东台市、射阳县和响水县，其中连云港市区生态用地面积比重减少最多，为 4.7%。同时，生态用地面积比重上升的单元主要是滨海县、赣榆区和海安市，其中滨海县生态用地面积比重上升最多，为 4.21%。

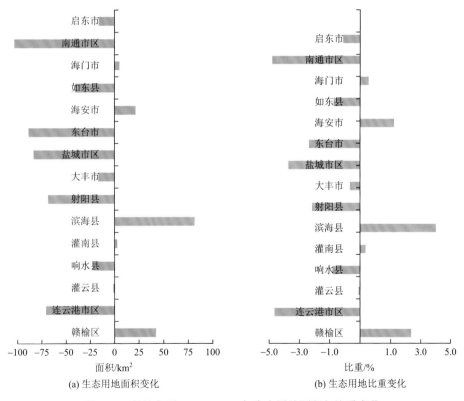

(a) 生态用地面积变化　　　　　　　(b) 生态用地比重变化

图 6.22　各县市区 1996~2015 年生态用地面积与比重变化

各县市区生态用地的变化与建设用地的变化具有一定的负向相关性，相关系数为-0.526，说明建设用地面积的不断增加是造成沿海地区生态用地减少的重要原因。各县市区随着建设用地比重增加，生态用地面积比重降低，其中南通市区、盐城市区、连云港市区、响水县、灌云县等评价单元建设用地比重增加和生态用地比重快速减少，两者之间的负向相关性较为显著（图 6.23）。

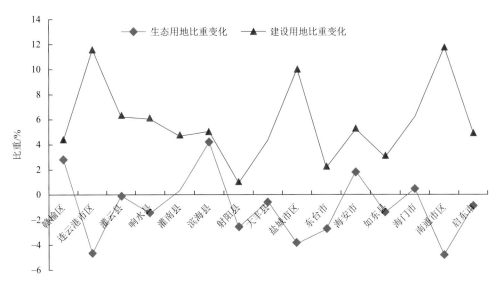

图 6.23　各县市区 1996～2015 年生态用地与建设用地比重变化

6.2.2　对单一要素生态安全格局的影响

建设用地开发对本章中构建的单一要素生态安全格局的影响。

1. 对地质灾害安全格局的影响

1995 年、2005 年、2015 年三个节点年份中，建设用地在不同地质灾害安全格局内的分布面积均呈现不同程度的增加。正常情况下，建设用地新增面积空间扩张主要分布在较高安全区和高安全区，在 1995～2015 年，新增建设用地面积分别为 318.8 km^2 和 483.2 km^2，布局较为合理，但是在低安全区内，1995～2015 年新增建设用地面积为 52.2 km^2，尤其在 2005～2015 年，建设用地新增面积为 36.4 km^2，空间扩张的速度较快，对北部抗震烈度较低的地区和南部南通市内沙土、软土区分布较多，对区域地质灾害安全格局造成较大的负面影响（表 6.11）。

表 6.11　建设用地在不同地质灾害安全格局内的面积与变化（单位：km^2）

年份	低安全区	中安全区	较高安全区	高安全区
1995	58.2	791.7	1115.0	2008.8
2005	74.0	974.9	1266.3	2196.9
2015	110.4	1006.8	1433.8	2492.0
1995～2005	15.8	183.2	151.3	188.1
2005～2015	36.4	31.9	167.5	295.1
1995～2015	52.2	215.1	318.8	483.2

2. 对水安全格局的影响

在建设用地空间扩张对水安全格局的影响中，1995～2015 年用地扩张主要分布在较高安全区和高安全区内，面积分别为 393.0 km^2 和 435.4 km^2，为建设用地扩张主体，符合基本扩张规律。但是 1995～2005 年，新增建设用地在低安全区内扩张的面积为 72.9 km^2，高于在中安全区和较高安全区内的面积，在空间上主要分布在沿海的滩涂和内陆河湖沿岸的滩涂地带，对部分饮用水源地造成一定程度的破坏，总体上对水安全格局具有较大影响，需要对建设用地空间布局进行优化，以规避对饮用水源地和河湖周边的洪水易发区造成大面积的侵占（表 6.12）。

表 6.12　建设用地在不同水安全格局内的面积与变化　　（单位：km^2）

年份	低安全区	中安全区	较高安全区	高安全区
1995	233.0	463.8	542.9	2734.0
2005	305.9	535.9	614.1	3056.1
2015	317.1	620.7	935.9	3169.4
1995～2005	72.9	72.1	71.2	322.1
2005～2015	11.2	84.8	321.7	113.3
1995～2015	84.1	156.9	393.0	435.4

3. 对生物多样性安全格局的影响

建设用地空间扩张对生物多样性安全格局的影响在 1995～2005 年与 2005～2015 年表现出不同的特征。在 1995～2005 年，新增建设用地在低安全区内的空间扩张面积为 211.9 km^2，显著高于其他类型区，对生物多样性格局造成较大的破坏；而在 2005～2015 年，新增用地在中安全区内扩张的面积达到 271.9 km^2，成为建设用地空间扩张的主要分布区。在空间上被侵占的低水平区主要位于东部沿海和中部的稀疏林地，破坏了生物栖息园地，压缩了生物生存空间（表 6.13）。因此，在未来建设用地布局中应该进行空间优化，使得布局尽可能落在较高安全区和高安全区，尽可能减少对生物栖息、迁徙、繁育造成太多不可逆的影响。

表 6.13 建设用地在不同生物多样性安全格局内的面积与变化（单位：km²）

年份	低安全区	中安全区	较高安全区	高安全区
1995	1548.9	1052.5	761.3	611.0
2005	1760.8	1132.5	945.9	672.8
2015	1828.4	1404.4	1037.0	773.3
1995～2005	211.9	80.0	184.6	61.8
2005～2015	67.6	271.9	91.1	100.5
1995～2015	279.5	351.9	275.7	162.3

4. 对游憩源地安全格局的影响

1995～2005 年，新增建设用地空间扩张对游憩源地安全格局中的低安全区的侵占面积高达 351.9 km²，大大高于建设用地在其他安全区内的分布面积，对江苏沿海地区游憩源地、乡土景观造成了较大影响。整体上，在 1995～2015 年，新增建设用地在游憩源地安全格局分区的 4 类空间中，随着类型区安全性越高，分布面积也越大，如在低安全区内分布面积为 406.7 km²，显著高于在高安全水平区内 101.8 km² 的面积（表 6.14）。这说明在近 20 年间，建设用地空间扩张对沿海地区游憩源地安全格局负面影响较大，在未来的建设用地分布中亟须进行空间优化布局，保证在经济社会发展中有限的新增建设用地合理分布。

表 6.14 建设用地在不同游憩源地安全格局内的面积与变化（单位：km²）

年份	低安全区	中安全区	较高安全区	高安全区
1995	1774.4	1397.9	647.2	154.1
2005	2126.3	1525.4	680.4	179.9
2015	2181.1	1773.4	832.7	255.9
1995～2005	351.9	127.5	33.2	25.8
2005～2015	54.8	248.0	152.3	76.0
1995～2015	406.7	375.5	185.5	101.8

6.2.3 对综合生态安全格局的影响

1995～2015 年，江苏沿海地区新增建设用地面积为 1069.4 km²，年均增长 2.41%，扩张速度较快，基本与区域经济高速发展和城市快速扩张相一致。在建设用地对综合生态安全格局的影响中，新增建设用地主要分布在中安全区和低安全区内，扩张面积分别为 393.0 km² 和 238.6 km²，大于在高安全区和较高安全区内的面积（表 6.15）。这说明建设用地扩张对综合生态安全格局负面影响较大，亟须进行空间布局优化，保护江苏沿海地区生态安全格局，实现区域社会经济的可持续发展。

表 6.15　建设用地在不同综合生态安全格局内的面积与变化（单位：km²）

年份	低安全区	中安全区	较高安全区	高安全区
1995	279.4	886.6	1854.8	952.8
2005	372.2	1089.7	1975.2	1074.9
2015	518.0	1279.6	2072.3	1173.1
1995～2005	92.8	203.1	120.4	122.1
2005～2015	145.8	189.9	97.1	98.2
1995～2015	238.6	393.0	217.5	220.3

6.3　海岸线空间管控分区与措施

6.3.1　海岸线空间管控分区结果

综合评估划分方案显示，江苏海岸线禁止开发岸线、优化开发岸线、限制开发岸线划分长度分别为 1185.14 km、2396.93 km、2220.52 km，占比分别为 20.42%、41.31%、38.27%。江苏海岸线管控分区如图 6.24 所示。

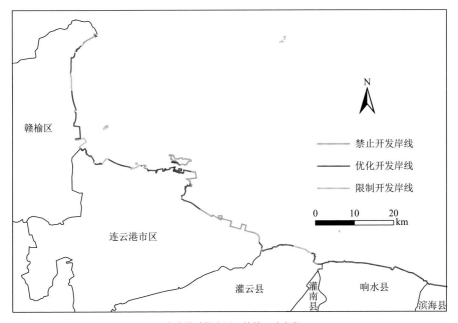

(a) 海岸线功能分区（赣榆—响水段）

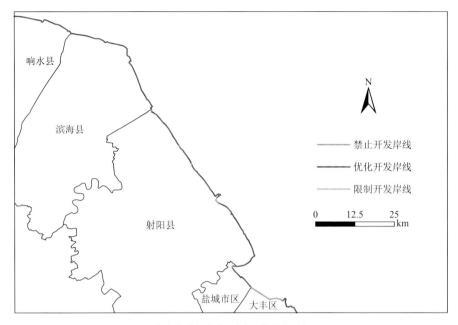

(b) 海岸线功能分区（滨海—盐城市区段）

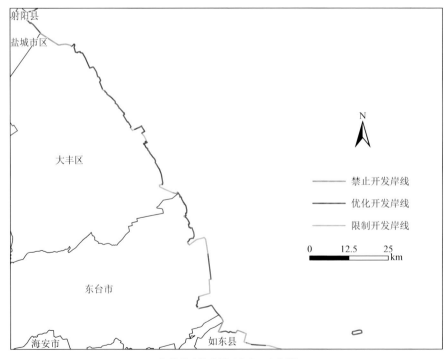

(c) 海岸线功能分区（大丰—东台段）

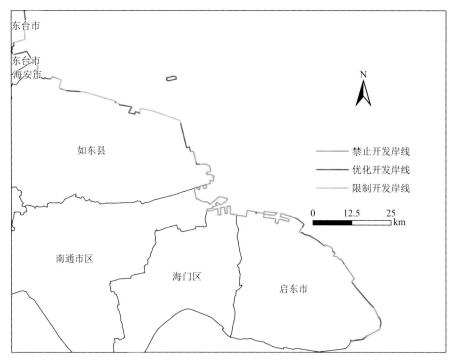

(d) 海岸线功能分区（海安—启东段）

图 6.24　江苏海岸线管控分区图

6.3.2　海岸线重点管控岸段识别

重点管控岸段分为重点保护岸段、优化利用岸段、整治修复岸段。划分方法如图 6.25 所示。

通过海岸线利用现状、海岸线开发适宜性及生态敏感性三方面评价分析，对江苏海岸线重点保护岸段、优化利用岸段与整治修复岸段等重点岸段进行识别，具体重点岸段详见表 6.16～表 6.18。

表 6.16　江苏海岸线重点保护岸段清单

序号	岸段名称	涉及县（市、区）	岸线长度/km	保护重点	存在风险和问题	保护措施
1	自然保护区岸段	大丰、如东、南通市区、海门、启东	34.2	沿海重点生物物种与生态湿地的保护	人类活动的干扰破坏生物栖息地，大规模围垦沿海滩涂湿地	岸线 1 km 范围内严禁港口、工业开发，防止堤岸过度人工化，保持水陆自然交互特征
2	河口保护岸段	赣榆、连云港市区、灌云、响水、滨海、射阳、大丰、东台、如东、南通市区	42.9	河口景观形态、河口重要湿地的保护	港口码头、工业与城镇等人类活动侵占河口岸线	禁止河口周边岸段开发，保护河流生态与河道天然景观形态

序号	岸段名称	涉及县（市、区）	岸线长度/km	保护重点	存在风险和问题	保护措施
3	防洪蓄洪重点保护岸段	灌云、滨海、海门	39.1	防洪安全	防洪通道侵占	防洪通道上下游 1 km 严禁占用，蓄洪岸段 1 km 内严禁开发
4	重要渔业品种保护区岸段	如东	17.2	重要海洋水产种质资源的主要生长繁育区域	港口建设邻近渔业品种保护区	岸线 1 km 范围内严禁港口、工业开发，防止堤岸过度人工化，保持水陆自然交互特征

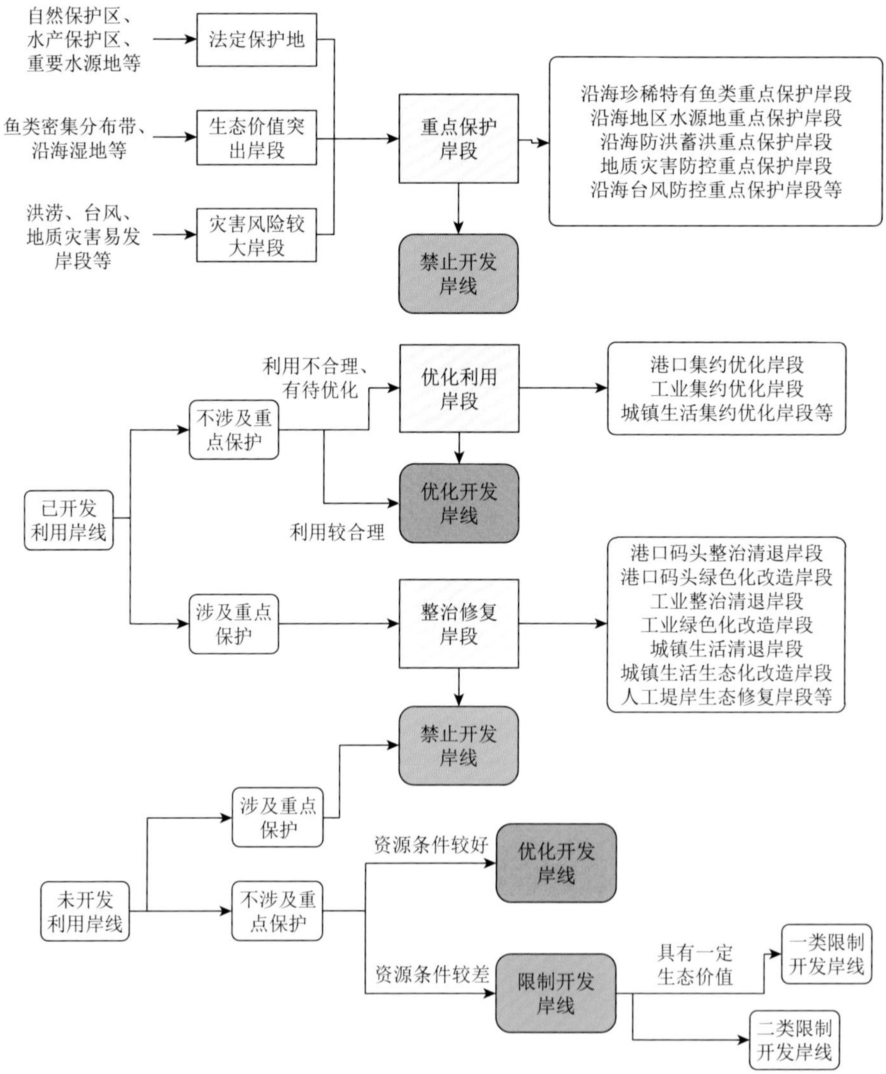

图 6.25　江苏海岸线重点岸段识别流程

表 6.17　江苏海岸线优化利用岸段清单

序号	岸段名称	涉及县（市、区）	岸线长度/km	优化利用重点	主要措施
1	港口码头岸线	南通市区、如东	28.4	港口码头	港口逐渐调整至周边的洋口港
2	工业集约利用岸段	启东	5.9	集约化、规模化	码头整合及规范化升级，提高工业生产岸线的开发利用效率

表 6.18　江苏海岸线整治修复岸段清单

序号	岸段名称	涉及县（市、区）	岸线长度/km	整治修复重点	整治修复措施	整治修复岸线长度/km
1	滨海湿地生态化修复重点岸段	赣榆	6.8	整治位于海岸重要湿地范围内的养殖围垦区域	停止继续围垦，整治并逐步退出已围垦区	6.8
2	城镇滨岸生态修复重点岸段	连云港市区	1.5	整治公园破坏重要生态湿地	生态公园、湿地公园生态化改造	1.5
3	滨海高敏感性岸段的生态修复整治	连云港市区、启东	17.8	整治工业、城镇岸段对高敏感岸段的占用	逐步减少人类生活活动与工业生产活动	17.8

6.3.3　海岸线空间管控措施

　　基于对海岸线利用现状及面临问题的分析，结合划定的海岸线空间管控区段，对各类海岸线空间管控区提出具体管控要求，如空间布局、污染物排放、资源开发利用等禁止和限制的分类准入要求，并对照分区结果与海岸线利用现状，识别禁止开发岸线、优化开发岸线和限制开发岸线三类重点岸线，提出调整及优化建议。

1. 禁止开发岸线

　　禁止开发岸线的岸线管控目标为区内重要生态资源保护，该类型岸线应以"保护优先"为出发点，原则上禁止一切影响及妨碍生态环境保护与航道安全的开发利用行为。基本管控要求如下。

　　（1）应对本类型区内尤其是自然保护区、贴近海洋水产种质资源保护区范围内的排污口进行整改，采取迁建、拆除、关闭或强化整治等措施。

　　（2）最大限度保留原有自然生态系统，保护沿海重要湿地生境，禁止未经法定许可占用水域及自然湿地等生态空间。切实加强对自然保护区的监督管理，严格核心区、缓冲区内人类活动管控，已侵占的要限期予以恢复。

（3）禁止新建、扩建、改建三类工业项目，现有或在建项目应在控制规模、不得增加污染负荷的前提下，限期治理并有计划地清理或迁出该区，且应制定有关生态保护和恢复治理方案并予以实施。

2. 优化开发岸线

优化开发岸线的岸线管控目标为水生态与行洪安全，其管理重点为统筹协调，集约利用，合理布局，严格执行相关法律法规及管理条例，以实现海岸线资源的科学合理开发利用。具体的管控要求如下。

（1）执行严格的产业准入标准，提高环境风险行业准入门槛，加强石化、化工、医药、纺织、印染、化纤、危化品和石油类仓储、涉重金属和危险废物等重点企业环境风险评估与监控，严格控制敏感水体周边高风险项目布局；完善沿海化工园区污水管网建设及污废水处理能力，严格控制污染物排放总量，保证污染物稳定达标排放，同时完善企业及园区环境风险防范与应急处理预案。

（2）优先在沿海存量岸线上实现集约利用，合理规划与整合现有港口群；整治复绿无手续的非法码头和不符合环保规定的码头，开展港口与航道生态恢复和修复，建设生态航道、绿色港口。

3. 限制开发岸线

限制开发岸线的岸线管控目标为洪水调蓄安全与沿海生态环境，其管理重点是严格控制建设项目类型，或控制其开发利用强度，强调控制和指导，以实现沿海岸线的合理开发与集约利用。具体的管控要求如下。

（1）根据实际需要，合理规划布局城镇功能组团，除国家重大战略项目外，停止一般性的新增围填海项目审批，高效利用存量海岸线资源。

（2）严格控制新建有明显不利影响的危险化学品码头、排污口、电厂排水口等项目，严格污水控制与管理。

（3）加强岸段区域内防护绿地与生态空间建设，在最低程度影响河道自然形态和海洋生态（环境）功能的前提下，进行沿海景观及风貌带建设，严控海洋公园过度硬化破坏重要湿地生态。

第7章　江苏沿海滩涂资源状况与生态风险评估

7.1　江苏沿海滩涂资源基本状况

江苏省海岸除全新世高海面时期海水入侵较深外，曾在相当长的时期内大体稳定在赣榆、板浦、阜宁、盐城至海安一线。自 1128 年黄河夺淮以后，特别是 1494 年以后，大量泥沙倾注入海，滩涂迅速向外延伸。南宋（建炎二年，1128 年）至清下叶（咸丰五年，1855 年），黄河夺淮入海长达 700 多年，陆地径流挟带的巨量泥沙，在河口及沿海岸外堆积，淤积成江淮下游大片滨海平原和沿海滩涂。1128～1855 年的七百余年间，黄河河口向东推进了 90 km，平均每年高达 124 m。其中，淤长最快的 1578～1591 年的十三年间，向外推进 20 km，平均每年 1538 m。这不仅直接形成了北达灌河、南抵射阳河的黄河三角洲，而且通过潮流和波浪作用，在三角洲的两翼形成了广阔的滨海平原，北接赣榆沙质海岸，南接长江三角洲。1855 年黄河北徙后，泥沙来源骤减，黄河三角洲开始退蚀，南翼淤长速度减慢。1855～1987 年河口共蚀退 20 km，沿海逐步进行了海岸防护工程措施后，才基本停止退蚀。

江苏沿海滩涂的大致范围为向海至 0 m 等深线，向陆至海岸带上限，其主要由已围潮上带（平均高潮线以上的滩地）、未围潮上带、潮间带（平均高潮线和理论最低低潮线之间的潮间浅滩）和辐射沙洲 4 个部分组成，其中平均高潮位以上的未围滩涂为 94.74 万亩[①]；平均高潮位以下的潮间带面积为 398.33 万亩；辐射沙洲面积为 190.26 万亩，占全省滩涂面积的 19.45%。目前的实际情况是潮上带及部分潮间带多已经围垦开发，只有辐射沙洲滩涂至今尚未利用。江苏沿海滩涂资源主要分布在淤长岸段与稳定岸段，如海岸线较长的射阳、大丰、东台与如东四县（市、区）沿海。四县（市、区）的滩涂面积约占全省滩涂总面积的 80%，四县（市、区）未围潮上带滩涂合计面积占全省潮上带滩涂总面积的 92%。

到 2015 年底的统计，江苏沿海地区 0 m 等深线以上的特定土壤类型海涂总面积共有 788.93 万亩，占江苏陆地总面积的 5.1%。海涂的分布以大丰岸段最多，有 158.59 万亩，占滩涂总面积的 20.10%；其次是东台岸段，有 155.76 万亩，占滩涂总面积的 19.74%；如东和射阳分别为 114.05 万亩和 109.70 万亩，占总面积比

---

① 1 亩≈666.67 m²。

例分别为 14.46% 和 13.90%；其余岸段海涂面积合计为 250.83 万亩，占海涂总面积的 31.79%（表 7.1）。

表 7.1　2015 年江苏沿海地区滩涂面积　　（单位：万亩）

地区	总计	潮上带			潮间带
		合计	已围滩地	未围滩地	
（1）连云港市	110.06	80.85	78.29	2.56	29.21
赣榆区	34.62	21.96	20.76	1.20	12.66
市郊区	52.14	39.10	38.16	0.94	13.04
灌云县	23.30	19.79	19.37	0.42	3.51
（2）盐城市	494.76	251.56	169.57	81.99	242.10
响水县	42.59	37.49	36.38	1.11	5.10
滨海县	28.12	21.02	19.86	1.16	7.10
射阳县	109.70	76.00	45.28	30.72	33.70
大丰区	158.59	77.99	54.52	23.47	79.50
东台市	155.76	39.06	13.53	25.53	116.70
（3）南通市	184.11	57.09	46.90	10.19	127.03
海安市	2.62	2.62	2.45	0.17	0.00
如东县	114.05	39.26	31.69	7.57	74.79
通州市	14.07	3.34	2.78	0.56	10.73
海门区	6.77	2.98	1.81	1.17	3.79
启东市	46.60	8.89	8.17	0.72	37.71
三市合计	788.93	389.50	294.76	94.74	398.34

注：全省合计的数据包括辐射沙洲的面积，但是由于辐射沙洲的空间分布很难通过行政区进行区分，故在连云港、盐城和南通三个市的滩涂总面积的计算中没有包含辐射沙洲的面积。

7.2　沿海滩涂资源价值评估

7.2.1　沿海滩涂的生态重要性

江苏海岸带水产、土地和生物资源十分丰富，分布也较为集中。江苏沿海滩涂湿地，共有高等植物 111 科 346 属 559 种，其中蕨类植物 15 科 16 属 20 种；种子植物 96 科 330 属 539 种，其中裸子植物 6 科 12 属 19 种，被子植物 90 科 318 属 520 种；在被子植物中，单子叶植物 20 科 118 属 230 种，双子叶植物 70 科 200 属 290 种。另外，该区共记录有鱼类 284 种，隶属于 30 目 104 科；鸟类 394 种，隶属于 19 目 52 科。

　　江苏沿海的滩涂、淡水、半咸水及海洋水域生态系统，在河口地带分布芦苇滩，从海堤往外依次分布禾草滩、碱蓬滩、米草滩、泥滩、粉砂细沙滩；它们不仅是独具特色的自然景观，而且是鱼类、鸟类等动物的栖息地，特别是一些珍稀水禽的栖息、繁殖、迁徙、越冬集聚地。江苏海滨是目前世界最大的丹顶鹤越冬地和麋鹿繁殖地。江苏沿海滩涂软体动物资源量近 14 万 t，47.8%分布在南通市岸段。芦苇滩有 65.7%分布在射阳岸段。堤外草滩有 76%分布于大丰—东台岸段。

　　根据江苏沿海地区的自然条件，按重要性程度差异将各类生态保护区、重要林场，以及其他河湖水面和林草地划分为极重要、重要和较重要三类，加权分析三类区域的面积比重，获取各单元的生态重要性指数。例如，大丰沿海地区自北向南依次分布有国家级珍禽自然保护区、麋鹿自然保护区、大丰林场及其他零星林草地，但自然保护区的核心区和缓冲区主要分布在北部的斗龙港、南部的川东港入海口以南区域（图 7.1），这些地区具有重要的生态服务功能，中部沿海地区的生态重要性较低。

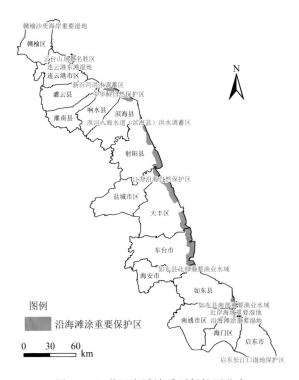

图 7.1　江苏沿海滩涂重要保护区分布

7.2.2　沿海滩涂土质和农业生产条件评价

　　土质评价，主要评价土壤肥力、酸碱度和重金属含量，考虑沿海滩涂的实际情况，重点分析土壤 pH 酸碱度、有机肥和有机碳以及 Cr 元素含量。受海洋影响，沿海地区土壤酸碱度整体偏高，为 8.1～8.6，河流入海口地区 pH 通常较低。受淡水河流长期冲刷、淋洗作用，河流入海口附近、沿海区域后方区域土质相对较好。沿海区域后方区域（西部），主要河流入海口沿线区域农业灌溉条件较好，土壤熟化程度较高，肥力较好，生态限制程度不高，农业种植适宜性较好。北部和南部沿海地区土壤较为贫瘠、碱性较强，且生态保护重要性强，农业生产适宜性较差。

江苏沿海地处暖温带和北亚热带的过渡地带，灌溉总渠以北发展盐业的气候条件优于渠南，渠南发展农业的热量水分条件优于渠北。由于地处气候过渡带，生物种类多样，陆地上的植物及潮间带与近海生物，既有暖温带种，又有亚热带种，作物适宜性强，生物易于驯化。开发利用方式的南北差异导致了不同岸段产业结构的差异及产品的多样性。

渠北的侵蚀性淤泥质海岸，滩涂狭窄，不仅滩涂土地资源数量不及渠南，滩涂软体动物的资源量也少于渠南。但是，气候、土质与纳潮条件等均有利于盐业生产，盐场分布集中又可避免盐农矛盾。例如，南通市岸段，平均高潮位以上的土地资源也不多，混合滩与粉砂滩面积达 100 余万亩，濒临长江口，养分丰富，水质与滩涂底质适合贝类的生长，有利于建立文蛤生产基地。总之，各岸段资源组合利用，有利于发挥各岸段的比较优势。

7.2.3　港–工–城开发适宜性评价

江苏沿海淤泥质海岸占江苏海岸的 90%，这类海岸又包括基本稳定、侵蚀和堆积三类，适于围海造田、养殖、晒盐、种植芦苇等多种利用方式，河口有不少渔港，发展近海捕捞，部分区域邻近大洋深槽，航道深阔、辐射沙洲掩护较好，进行港口开发的条件较好，有利于加强国内外经济联系，发挥海岸带的区位优势。随着沿海港口系统的发展，相应建设海港城镇，成为海滨城镇网络建设的重要组成部分。基岩港湾海岸还提供了建设综合性大型海港的条件，促进海洋捕捞及内外贸易与临港产业的发展。

主要考虑岸前水深、掩护、潮差及生态约束等因子，评价沿海岸线的建港条件，结合至市区、港口和高速公路互通口的通达条件，综合评价滩涂区域开展港–工–城开发的适宜性，江苏沿海中部和南部部分岸段（图 7.2）交通便捷、前方岸线宜港条件优越、生态环境约束不强、引水条件较好，适宜开展港口建设、发展临港工业与城镇，推动人口和经济集聚，其他区域大规模集聚人口和经济活动的适宜性不强。其他区域较为偏远、生态服务功能重要，人口、经济集聚条件较差，不宜作为港–工–城开发的潜力区域。

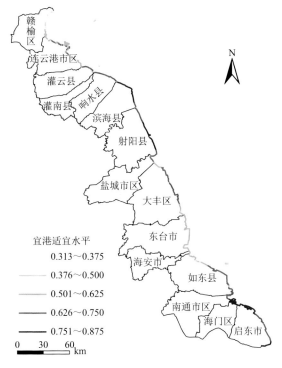

图 7.2　江苏沿海滩涂周边宜港适宜水平

7.3　沿海滩涂生态系统风险评价

7.3.1　沿海滩涂生态风险因子确定

基于上述风险分析，按照生态、资源、环境、经济、社会五类子系统，明确各类系统对应的生态风险，发掘其生态风险源，并最终确定其风险因子为沿海大型工程、土地利用相关因子、土壤类因子、海面变化、人口增长率、人口密度、自然灾害类因子、工农业污染排放量、河流入海口泥沙挟带量等（表 7.2）。

7.3.2　基于层次分析法的生态风险分析

在沿海滩涂开发生态环境调查基础上，分析沿海地区开发战略的生态环境响应，选取不同开发、不同建设类型的滩涂，以危险度指数、脆弱度指数和损失度指数 3 个方面构建适合沿海滩涂的生态风险因子识别的指标体系，识别建设区生态胁迫因子和生态敏感空间，对生态风险因子，进行抽样验证，修正完善风险因子。进而建立沿海滩涂建设区生态风险综合评价方法，并以盐城为例验证可行性。

表 7.2 沿海滩涂生态风险因子分析

类别	生态风险	生态风险源	风险因子
生态	生物（物种）多样性 生物产量下降	过度围垦、流域大型工程、海平面上升	沿海大型工程 围垦 土地利用强度 土地利用动态度 土壤类型 土壤重金属含量 土壤酸碱度 海面变化 人口增长率 人口密度 洪涝 台风暴雨 风暴潮 地震 龙卷风 工业污染排放量 农业污染排放量 河流入海口泥沙挟带量
资源	湿地面积减少、生态服务功能下降、土地淤长速度降低、水资源量减少与降低、农业产量降低	过度围垦、流域大型工程、海平面上升、咸水入侵、流域来水量减少、城镇化、干旱、过度捕捞、生物入侵、洪水（洪涝、台风暴雨、风暴潮）、农业病虫害、冰雹、低温	
环境	自然灾害频繁、环境污染、水土流失、基础设施损坏、生境破碎化	洪水（洪涝、台风暴雨、风暴潮）、工农业污染物、生活垃圾、旅游、长江水污染、洪水（洪涝、台风暴雨、风暴潮）、城镇化	
经济	人均 GDP 降低、地方经济产值下降等	洪水（洪涝、台风暴雨、风暴潮）、地震、龙卷风、产业结构配置不合理等	
社会	人口老龄化、人口爆炸性增长、人员伤亡	人口老龄化、城镇化、地震、龙卷风、雷击	

根据生态风险与景观格局之间的经验关系，构建生态风险综合指数，将每一单元格网内生态风险的程度用格网内各景观结构类型的生态环境指数和脆弱度指数来表示：

$$\mathrm{ER} = \sum_{i=1}^{n} \frac{A_{ki}}{A_k}(10 \times E_i \times F_{ri})$$

式中，ER 为生态风险指数；n 为景观类型的数量，反映区域受干扰的程度，对各个指数进行叠加，用其反映不同景观所代表的生态系统受干扰程度；A_{ki} 为第 k 个小区 i 类景观组分的面积；A_k 为第 k 个小区的总面积；E_i 为生态环境指数；F_{ri} 为脆弱性指数。生态环境指数（E_i）可以表示为

$$E_i = aF_i + bS_i + cD_i$$

式中，F_i 为土地退化指数；S_i 为生物丰度指数；D_i 为植被覆盖指数；a、b、c 为各指数的权重值，分别赋予 0.5、0.3 和 0.2。

以生态系统服务理论为基础，以 LUCC 变化导致的生态系统服务功能下降作为 LUCC 生态风险。分析各利益相关者在 LUCC 变化背景下所承受的生态风险。用 Costanza 的生态服务价值参数进行计算。采用层次分析法确定生态风险强度参数 W_i，最终确定沿海滩涂各土地利用类型生态风险强度参数分别为耕地 0.223、林地 0.054、草地 0.083、水域 0.092、建设用地 0.363、未利用地 0.183。根据滩涂利用状况，综合评价江苏滩涂生态风险如图 7.3 所示。

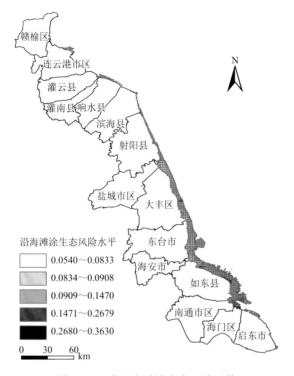

图 7.3　江苏沿海滩涂生态风险评价

7.4　沿海滩涂利用管控

7.4.1　滩涂利用的生态安全分析

　　江苏沿海滩涂利用不同程度上改变了原来的生境，导致生境破碎化和生态系统功能退化，影响生物的栖息环境，从而造成生物物种多样性的变化或丧失。首先，苇（围）渔场尤其是没有围堤保护的小渔场，容易带来环境污染，在外滩栽苇匡滩养鱼，在高潮时与外界尚有水体的交换，但总的来说仍是比较闭塞的水域，生态安全易受到影响，既有涨潮大水的威胁，也有加重鱼塘水体污染的可能。此外，在渔场或其他水产养殖区域中，投入池塘的饵料也会造成养殖池自身污染。施放化肥、豆浆入池增加水中浮游生物量，用石灰、高锰酸钾、硫酸铜等化学物质清池消毒，形成的残饵、残药未经处理排放入海，造成近海尤其是港湾、河口区域水质下降。其次，部分滩涂区域的水稻田开发由于地势低洼，加上本地区夏季大雨、暴雨较多，水稻田的排洪排涝就会成为越来越严重的问题，没有渗透与排水，会加速水稻田区的污染与土壤退化。再次，盐田开发导致的土壤盐量过高，在开垦为水稻田时，最初几年水稻产量十分有限。最后，大规模建港工程，占用大片被围起来的滩涂，滩涂转变为建筑用地，有的自然恢复为盐蒿群落，虽然有些地段进行了生态建设，但主要是植树或种草，滩涂的生态价值实际丧失。大规模的港区建设导致潮滩大面积突然减小，改变了海岸自然演变的渐进过程，导致海岸冲淤状况骤变，沿海滩涂生态环境被破坏，原生自然栖息地被建设用地占据。另外，港口工业生产带来的噪声、扬尘、固体废弃物等对保护区野生动物的生存安全造成很大的威胁，甚至在电厂建成后会影响到鸟类的迁飞等，此外，城镇生活污水的大量排放也极易引起水体富营养化，导致生态环境出现恶化。

7.4.2　滩涂利用的基本原则

分层次有序围垦。根据海岸线冲淤变化和滩涂地形特点，考虑围垦成本负担，先期开展边滩高涂围垦，逐步降低起围高程，远期启动沙洲围垦的总体次序，兼顾先围稳定的滩涂、次围缓慢淤长滩涂的基本要求，强化综合试验区建设，成熟后逐步推广。

引导各类用地空间协调。因地制宜引导港口、工业和城镇用地向开发适宜性较好地区集中连片布局，开发条件较差区域优先布局农业种养用地，促进围垦区域城镇、农业和生态用地布局的空间协调，引导滩涂资源综合开发，提高资源综合利用效率。

强化港口与水道维护。考虑滩涂自然演变规律，积极预留汇潮通道，保障潮波交汇畅通，不改变辐射沙脊群区域海洋水文动力格局，稳定深水航道，保障入海河口泄洪排涝能力，保护港口岸线资源。跟踪研究近期滩涂围垦的生态环境影响，科学引导远期低滩、沙洲围垦。

加强滩涂生态系统保护。根据生态红线区域的管制要求，禁止在自然保护区核心区和缓冲区、重要林场和重要滩涂湿地进行围垦，原则上不在河口治导线内布局围区，边滩围垦采用齿轮状布局，有效地保护海洋生态环境。

7.4.3　不同类型空间管控重点

农业生产区域。合理有序推进滩涂围垦，逐步完善农田水利工程，广泛采用工程和生物措施开展盐碱土改良，积极发展盐土农作物和海淡水养殖，适时发展农（水）产品加工业，鼓励滩涂农业规模化生产、产业化经营、公司化管理，提高滩涂农业效益。禁止污染性工业项目发展，控制农药化肥使用量，鼓励使用无害农药，减轻滩涂农业生产对近岸海域环境影响。积极推广基塘农业种养系统，促进农业种植、水产养殖和畜禽养殖业的协同发展。

生态保护区域。加强沿海防护林草、平原水库、滨海和河口湿地建设，提高林草覆盖率，强化珍禽自然保护区、麋鹿自然保护区和林场生态系统完整性保护。科学引导交通、餐饮住宿、休闲娱乐等旅游服务设施建设，适度发展滨海观光、生态休闲和度假旅游。严格控制滨海旅游开发强度，加快污染处理设施建设与运营维护，减轻滩涂区域的环境压力，促进滩涂生态保护与旅游协调发展。

港-工-城综合开发区域。依托西洋潮流通道，鼓励采用"近岸围填 + 栈桥码头"和"近岸高滩围填 + 陆岛通道 + 岸外人工岛"等方式，开展深水海港建设。充分发挥港口门户和后方滩涂空间优势，积极发展装备制造、现代物流等临港产业，延伸发展高新技术产业和环保产业，通过产业发展促进港口繁荣和港口地位提升，实现沿海经济社会的快速发展。按照产城融合理论，配套临港制造业扩张，加快后方城镇组团建设，培育壮大商务商贸、居住生活、休闲娱乐等城镇服务，促进港产城一体化综合发展。严格控制产业集聚区污染性工业项目规模，鼓励开展循环产业园区建设，完善污染物处理设施，减少滩涂工业和城镇污染排放。加强港口、工业发展空间与城镇生活空间的生态隔离带建设，营造良好的滨海城镇人居环境。

后方陆域开发管控。沿海滩涂区域是海陆生态系统的过渡地带，是陆源物质向海输移的前沿区域，陆域经济社会活动的类型、强度等将对前沿滩涂区域生态环境产生重要影响。另外，滩涂区域的功能定位和生态环境保护要求将对关联陆域社会经济活动、污染控制、生态保护等方面形成一定的约束。因此，对后方陆域发展进行管制是协调滩涂开发与后方关联区域发展的重要途径。

第8章 沿海土地生态调查与质量评估

8.1 土地生态状况评估方法

8.1.1 指标权重的确定

有关确权方法的探索已有很多研究，从最初基于专家打分的德尔菲法到目前普遍使用的层次分析法，从基于原始数据的灰色分析、因子分析、主成分分析到现今的熵值分析，指标确权方法分为主观赋权法和客观赋权法两类。总体而言，主观赋权法操作相对简单，依赖打分者的主观判断和专业知识，其中层次分析法仍是至今应用前景最广的赋权方法；客观赋权法近年来逐步受到青睐，其中熵权法的相关研究较多，效果较好。此外，也有研究将熵权法与层次分析法结合使用，但研究都还不够深入，该方面的综合研究是未来的发展方向。所以，本书采用主观赋权的典型层次分析法和客观赋权的典型熵权法算了两种权重，而最终的评估指标权重为两种权重的平均值。

1）层次分析法赋权模型

层次分析法，是美国运筹学家 L. Saaty 教授于 20 世纪 70 年代提出的一种定量与定性相结合的多目标决策分析方法。这一方法的核心是将决策者的经验判断给予量化，从而为决策者提供定量形式的决策依据，在目标结构复杂且缺乏必要数据的情况下更为实用。应用 AHP 计算指标权重系数，实际上是根据赋权者的专业知识和实践经验，在建立有序递阶的指标系统的基础上，通过比较两指标相对于评价目标和对象的相对重要性与优劣程度进行标度区分，进而综合测算各指标的权重系数。它的评价步骤如下。

（1）构造判断矩阵，根据判别规则，将两两指标间的相对重要性进行比对分析。

AHP 引入九分位的相对重要性标度，根据表 8.1 的规则，由若干专家来判定同一层次各个指标的重要性程度。将同层次两两比对的指标重要性感知度结果进行整理，构成一个判别矩阵 C。矩阵 C 中各元素表示：各行横向指标 C_i 对各列纵向指标 C_j 的相对重要程度，该值用 C_{ij} 表示，其实际意义为甲指标与乙指标相比的重要性程度。

表 8.1　层次分析方法判别矩阵取值规则

甲指标与乙指标相比重要性程度	极重要	很重要	重要	略重要	相等	略不相等	不重要	很不重要	既不重要
甲指标评价值	9	7	5	3	1	1/3	1/5	1/7	1/9

注：取 8, 6, 4, 2, 1/2, 1/4, 1/6, 1/8 为上述评价值的中间值。

（2）根据判别矩阵，对各指标权重系数进行计算，具体步骤如下。

①计算判断矩阵 C 的每一行的积 M_i：

$$M_i = \prod_1^n C_{ij}, i = 1, 2, \cdots, n; j = 1, 2, \cdots, m$$

②计算各行 M_i 的 n 次方根 w_i：

$$w_i = \sqrt[n]{M_i}$$

③将向量 $(w_1, w_2, \cdots, w_n)$ 归一化处理，即为所求的各指标的权重系数：

$$W_i = \frac{w_i}{\sum_{i=1}^n w_i}$$

（3）最后通过一致性检验来判断所确定的权重值是否符合或接近客观实际，从而在一定程度上缓解传统的专家打分法确定权重值的主观性。

$$\lambda_{\max} = \sum_{i=1}^n \frac{(AW)_i}{n\omega_i} = \frac{1}{n}\sum_{i=1}^n \frac{\sum_{j=1}^m a_{ij}\omega_j}{\omega_i}$$

$$CI = \frac{\lambda_{\max} - n}{n - 1}, \quad CR = \frac{CI}{RI}$$

其中，A 为最大特征值；W 为特征向量；n 为评价单元的个数；ω 为对应评价单元 i 在第 j 项特征的权重，i 表示评价单元的数目，j 表示评价特征（指标）的数目；a_{ij} 为评价单元 i 在第 j 项的特征值。

通过查询平均随机一致性指标 RI，并结合计算一致性指标 CI，来检验其一致性检验 CR（consistency ratio）。当 CR＜0.1 时，认为判断矩阵的一致性是可以接受的。

2）改进熵权法赋权模型

根据信息论的基本原理，熵是度量系统无序程度的物理量，与信息量成反比。熵权是依据各指标在目标问题中提供有效信息的多少程度来赋予不同的权重。因此，指标的信息熵越小，提供的信息量即被认为越大，在综合评价中所起作用就越大，则权重越高。这是一种客观性及区域针对性很强的赋权方法，结合土地生态评价指标数据自身的特性，能很好地反映出研究区各土地生态指标的权重值，具体评价步骤如下。

（1）构建判断矩阵，构建 k 个被评价单元 n 个评价指标的判断矩阵 $\boldsymbol{A}$：

$$\boldsymbol{A} = \begin{bmatrix} x_{11} & x_{12} & \cdots & x_{1n} \\ x_{21} & x_{22} & \cdots & x_{2n} \\ \vdots & \vdots & & \vdots \\ x_{k1} & x_{k2} & \cdots & x_{kn} \end{bmatrix}$$

（2）根据指标属性，进行正向归一化处理，从而形成归一化后的矩阵 $\boldsymbol{B}$：

$$\boldsymbol{B} = \begin{bmatrix} y_{11} & y_{12} & \cdots & y_{1n} \\ y_{21} & y_{22} & \cdots & y_{2n} \\ \vdots & \vdots & & \vdots \\ y_{k1} & y_{k2} & \cdots & y_{kn} \end{bmatrix}$$

（3）确定评价指标的熵，根据熵的定义，k 个被评价单元 n 个评价指标，可以确定评价指标 i 的熵为

$$H_i = -\frac{1}{\ln k}\left(\sum_{i=1}^{k} f_i \ln f_i\right), \quad f_i = \frac{y_i}{\sum_{i=1}^{k} y_i}$$

考虑到 $f_i = 0$ 时，$\ln f_i$ 无意义，因此对 f_i 的计算进行修正，将其定义为

$$f_i = \frac{1 + y_i}{\sum_{i=1}^{k}(1 + y_i)}$$

（4）计算评价指标的熵权。权重计算公式为

$$W_i = \frac{1 - H_i}{n - \sum_{i=1}^{n} H_i}, \quad \text{且满足} \sum_{i=1}^{n} W_i = 1$$

8.1.2 评估指标分级标准

土地生态状况各准则层和综合层分值与元指标层之间的关系，共有三种情况：正向型关系、逆向型关系和区间型关系。三种指标的标准化模型解释如下。

1）正/逆向型标准化模型

正向型指标，即因素指标值越大，反映土地生态质量越好，如植被覆盖度、生物量、无污染高等级耕地比例等。逆向型指标，即因素指标值越大，反映土地生态质量越差，如压占土地比例、土壤污染面积比例等。

$$\begin{cases} y_i = \dfrac{x_i - x_{i\min}}{x_{i\max} - x_{i\min}} & \text{当指标} x_i \text{为正向指标} \\[4mm] y_i = \dfrac{x_{i\max} - x_i}{x_{i\max} - x_{i\min}} & \text{当指标} x_i \text{为负向指标} \end{cases}$$

式中，y_i 为标准值；x_i 为各土地生态评价因子的实际值；$x_{i\min}$ 和 $x_{i\max}$ 分别为该评价因子在评价区域内实际值的最小值和最大值。

2）区间型标准化模型

区间型指标即因素指标有一适度值，在此适度值上，土地生态质量最优，大于或小于此适度值，土地生态质量均由优向劣趋势发展。区间型关系根据评价单元的实际情况，参照有关研究成果和江苏省农用地分等定级成果，对该类指标用隶属函数模型进行标准化，并对指标进行分级，见表 8.2。

表 8.2　评估指标分级表

元指标	分级方法					依据
1）	赋值分级法					来源
	1	2	3	4	5	
坡度	<8	8~15	15~25	25~35	>35	刘孝富等，2010
高程	<20	20~50	50~100	100~200	>200	廖兵等，2012
植被覆盖度	0~0.2	0.2~0.4	0.4~0.6	0.6~0.85	0.85~1	刘孝富等，2010
无污染水面比例	<5	5~10	10~20	20~30	>30	于海霞等，2011
土壤综合污染指数	>3	2~3	1~2	0.7~1	≤0.7	行业标准
2）	阈值标准化 + 等间距划分方法					来源
降水量季节分配	阈值：591.6					张文柯，2009
无污染高等级耕地比例	阈值：13.55					全国平均值
有林地与防护林比例	阈值：22					全国平均值
天然草地比例	阈值：34.35					全国平均值
人口密度	阈值：128.78					国际公认值
3）	隶属函数法 + 等间距分法					来源
土壤有机质含量	隶属度：$y = \begin{cases} 100 & (x \geqslant 2.5\%) \\ 20x + 50 & (1.5\% \leqslant x < 2.5\%) \\ \dfrac{300}{7}x + \dfrac{110}{7} & (0.8\% \leqslant x < 1.5\%) \\ 62.5x & (0 \leqslant x < 0.8\%) \end{cases}$					江苏省农用地分等定级标准

元指标	分级方法	依据
3）	隶属函数法 + 等间距划分法	来源
有效土层厚度	隶属度：$y=\begin{cases}100 & (x\geqslant 18\text{cm})\\[2pt]\dfrac{25}{4}x-\dfrac{25}{2} & (10\text{cm}<x<18\text{cm})\\[2pt]5x & (0<x\leqslant 10\text{cm})\end{cases}$	江苏省农用地分等定级标准
年均降雨量	隶属度：$y=1/[1+8.0\times10^{-5}\times(x-790)^2]$ 土层厚度为 x，标准值为 y，按线性内插方法计算	王秋兵等，2012
4）	正向标准化法 + 等间距划分法	来源
正向型指标	$y_{ei}=\dfrac{x_{ei}-x_{i\min}}{x_{i\max}-x_{i\min}}$	王增，2011
逆向型指标	$y_{ei}=\dfrac{x_{i\max}-x_{ei}}{x_{i\max}-x_{i\min}}$	

8.1.3 土地生态综合评估

通过查阅文献，得到综合评价的常用方法，经过优缺点比较后，选用综合指数法。根据土地生态状况评价指标体系中的指标权重与指标标准化值，采用以下公式计算土地生态状况质量综合评估分值。

$$S=\sum_{i=1}^{5}\left\{w_i\times\left[\sum_{k=1}^{m}(w_k\times Y_k)\right]\right\}$$

式中，S 为土地生态状况质量综合评估分值；w_i 为一级指标权重；m 为元指标数量；w_k 为元指标的权重；Y_k 为元指标分值。

8.1.4 评估结果分级

土地生态状况质量等级依据区域实际需要，按照总分值、准则层分值和指标分值综合确定，依据综合评估分值的高低，原则上控制在 3～5 类，依次可分为土地生态状况质量优、质量良好、质量中等、质量较差、质量差 5 个等级。

土地生态状况质量等级划分可按照综合评估分值区段和障碍因子诊断方法相结合的方法进行划分。分值区段划分可参考频率曲线分析方法，即对总分值、准则层分值和指标分值进行频率统计，绘制频率直方图，按照区域土地生态质量现状，选择频率曲线波谷处作为分值区段的分界点。若存在具有较大影响的障碍因子，在评估质量分级时，以障碍因子的分级作为该评估单元的等级。

8.2　土地生态状况特征与障碍因子分析

8.2.1　土地生态自然基础状况

江苏沿海地区的 15 县（市、区）生态状况基础性指标分值介于 0～0.149，空间分布呈现西北和西南分值高，中部分值低的规律。从行政区来看，以灌南县、灌云县、响水县和滨海县为西北部分高值中心（分值介于 0.125～0.149），分值向外辐射减小；以如东县、通州区、海门区和启东市的西部地区为南部高值中心（分值介于 0.107～0.125），分值向外辐射减小；调查区南北两端分值高值带向中部逐渐过渡到以大丰区为中心的低值区。从城乡来看，在各县（市、区）的城市化水平高的地区，即城区、乡镇土地生态状况基础性指标分值很低，分值介于 0～0.090。从海陆来看，从内陆到临海滩涂区分值表现为梯度下降的空间特征。具体来看，江苏沿海地区土地生态自然基础状况基础性指标较高分值主要集中分布在响水县朱圩村、吉舍村和灌南县项圩村等地区；较低分值主要集中分布在大丰区阜南村、双喜村和泰丰村等地区（图 8.1）。

8.2.2　土地生态结构状况

江苏沿海地区的 15 县（市、区）土地生态结构状况性指标分值介于 0～0.162。从空间上看（图 8.2），呈现中部高，南北两端低的规律。从行政区来看，整个调查区分成三个高分值中心：第一个是大丰—东台大部分辖区，分值主要介于 0.092～0.162；第二个是亭湖—射阳大部分辖区，分值主要介于 0.056～0.162；第三个是如东—南通市区—海门部分辖区，分值主要介于 0.056～0.162。从城乡来看，城市化水平较高的城区、乡镇土地生态结构状况性指标分值亦相对较高。从海陆方向来看，空间分布特征不甚明显，但临海滩涂开发区土地生态结构状况性指标分值较低，介于 0～0.024。具体来看，土地生态结构状况性指标较高分值主要集中分布在东台市潘堡村和中来村等地区；较低分值主要集中分布在如东县东港垦区和灌云县灌西盐场等滩涂地区。

江苏沿海地区土地利用结构存在地域差异，主要有 4 种模式：耕地和滩涂为主；耕地、滩涂和草地为主；滩涂和草地为主；耕地和其他建设用地为主。土地利用多样性与土地利用程度也存在地域差异，而且土地利用程度在南北方向上存在高—低—高分布特征。江苏沿海地区海岸带土地利用结构在陆海方向上存在梯

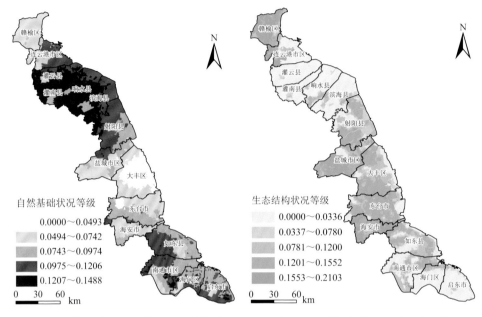

图 8.1　江苏沿海地区土地生态自然基础　　　图 8.2　江苏沿海地区土地生态结构
　　　　状况基础性指标分值　　　　　　　　　　　状况性指标分值

度特征，土地利用结构存在两种模式：耕地、草地和其他建设用地为主；耕地、草地、滩涂与其他建设用地为主。海岸带地区土地利用多样性呈现低—高—低模式，土地利用强度陆海方向呈现高—中—低模式。历年来土地利用结构相对稳定，部分土地利用类型占比出现越级；土地利用多样性高值区逐步向海岸带中部移动；海岸带各缓冲区土地利用程度分异逐步增大。调查区海岸带土地利用结构相对稳定，但是不同土地利用类型面积不断变化，土地利用类型不断复杂化，土地利用程度不断增大，海岸带生态系统的压力不断增加。

　　土地利用类型多样性指数介于 0～2.33，平均值为 1.45；斑块多样性指数介于 0.01～109.74，梯度值较大。无污染高等级耕地比例最小值为 0，最大值为 81.40%，平均值 20.68%，百分比较低。有林地与防护林比例最小值为 0，最大值为 91.67%；草地比例最小值为 0，最大值为 60.38%，平均值为 0.21%。无污染水面比例介于 0%～98.73%，平均值为 9.47%，污染较为严重。生态基础设施用地比例最小值为 0，最大值为 100%，平均值为 12.43%。城镇建设用地比例最小值为 0，最大值为 99.99%，平均值为 5.27%。

　　土地利用多样性指数空间分布呈现低—高—低间隔反复分布规律，灌南县、滨海县、大丰区、如东县和海门区多样性指数最高，说明这些地区土地利用多样性较强；多样性指数较低的地区主要集中在亭湖区和如东县滩涂地区，说明这些地区土地利用方式较为单一，造成土地类型单一化。

江苏沿海地区斑块多样性指数值主要集中在 0.01～15.61，大于 15.61 的地区面积相对非常小，空间分布规律与土地利用多样性指数类似，均为高低间断反复分布。最大值主要集中在海门区三厂苗圃、港闸村和东台市新桥社区等地，最小值主要集中在东台市滩涂和大丰区滩涂等滩涂开发地区。

无污染高等级耕地比例空间分布呈现中部高、向四周辐散减少的规律。最大值主要集中在东台市、大丰区、亭湖区、如东县，其次为射阳县、通州区和响水县的部分地区，较小值主要分布在调查区两端的灌云县、灌南县、海门区和启东市等地区。无污染水面比例空间分布特征：从西北到东南为一高值带，其周边地区无污染水面比例相对较小。最大值主要分布在射阳县第二淡水养殖场、定海农场和滨海县水产养殖场等涉及水产养殖的地区，最小值主要分布在通州区塘坊村、望海台村和十六里墩村等地区。

江苏沿海地区有林地和防护林比例主要集中在 0%～27.60%，高于 27.60% 的地区面积占绝对少数。空间分布规律为由内陆到沿海逐渐降低，较大值主要分布在连云区大部分地区，还有东台市和大丰区的少部分地区。草地比例值空间分布特征为东台市滩涂和灌南县西部为突出极点地区，其他地区相差不大。

调查区生态基础设施用地比例空间分布特征：从最北端连云区至南部如东县为一较细碎高值条带，条带向东临海滩涂生态基础设施用地比例较低，向西呈现先减小后增大的规律。较高值主要集中在射阳县定海农场和启东市寅阳小农场等地区，最小值主要集中在如东县丰利镇许营村和滨海县城南社区等地区。城镇建设比例空间分布规律十分明显，以市区及周边地区值最高，向周边辐散减少；最大值主要集中在连云区新航社区等城镇化水平较高地区；最小值主要集中在临海滩涂地区等乡村或未开发地区。

8.2.3　土地生态污染、损毁、退化状况

江苏沿海地区的土地生态污染、损毁、退化情况大致呈两头重、中间轻的态势，分值范围为 0.005～0.301（图 8.3）。最小值位于连云港大路口社区，最大值位于亭湖区的兴隆村。分值较低的区域集中分布在北部的连云港市连云区、灌南县、灌云县，盐城市的响水县、滨海县，南部的南通市的海门区、启东市及通州区和如东县的部分地区。该指标主要体现在生态污染方面，损毁及退化情况很少。土壤综合污染分布情况较为均匀，中部地区略低，其中连云区局部地区呈现重度污染，灌云县与灌南县的少数地区也呈高度污染。

就单指标分析而言（图 8.4），Cr、Pb、Cu、Zn、As 的污染分布较为相似，呈现两头污染重、中间轻的总体分布，即北部的连云区、灌云县、灌南县及南部的启东市和海门区污染较重。Cd 和 Hg 的污染在整个沿海地区较为轻微。损毁

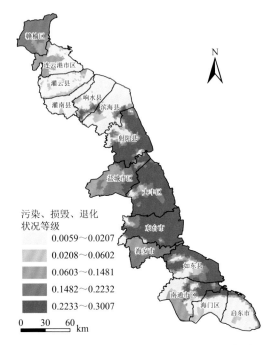

图 8.3　江苏沿海地区土地污染、损毁、退化状况准则层评估图

主要表现在土地压占和废弃撂荒，总体上分布很少，仅分布在大丰区局部地区，
而废弃撂荒也仅分布在盐城市区和射阳县南部少数地区。

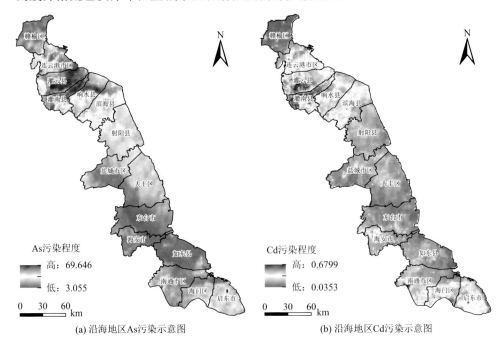

(a) 沿海地区As污染示意图　　　　　　　　　(b) 沿海地区Cd污染示意图

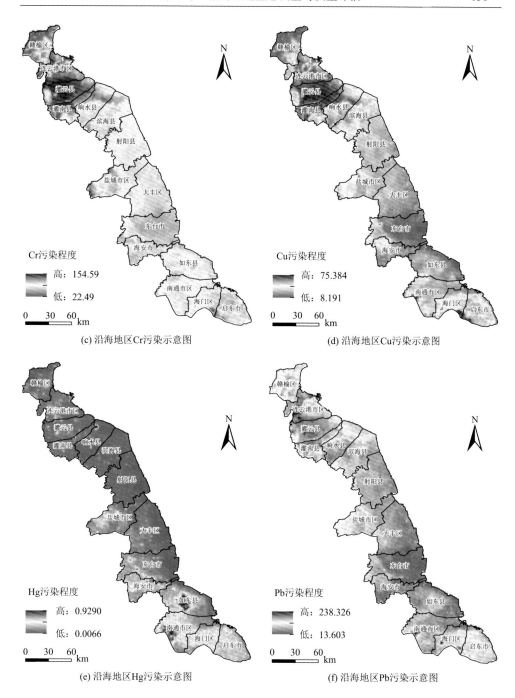

(c) 沿海地区Cr污染示意图

(d) 沿海地区Cu污染示意图

(e) 沿海地区Hg污染示意图

(f) 沿海地区Pb污染示意图

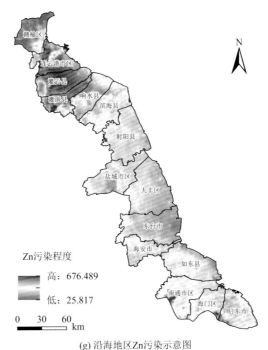

(g) 沿海地区Zn污染示意图

图 8.4　江苏沿海地区土壤污染示意图

8.2.4　生态建设与保护状况

　　江苏沿海地区生态建设与保护综合效应分值总体上呈现北部低、南部高的特点，其中各个市区附近的分值都比较高（图 8.5）。生态建设指数中各项指标均很小，主要体现在湿地年均增加率，南部的海门、通州的部分地区湿地年均增加率较高。生态效益指数中主要指标是区域环境质量指数与人均林木蓄积量，其中区域环境质量指数总体呈现南高北低的走势，人均林木蓄积量总体较低，相对高值集中在灌南县、如东县、灌云县，分别占比 35.0%、22.0%、18.0%（图 8.6）。生态压力指数主要体现在人口密度指标上，该指标总体上呈现东部高、西部低、南北部高于中部的情形，最高值大多分布在市区附近的区域，从各县（市、区）水平上来看，盐城市区人口密度最高，占比达到 34.4%，其次是连云港市区，占比为 15.7%，其他市县占比均在 10% 以下（图 8.7）。

8.2.5　主控障碍因子及其障碍度

　　障碍度是指实际值偏离某障碍因子理想值的程度。障碍度值越大，表示区域障碍因子的实际值偏离理想值越大。对江苏沿海地区 15 个县（市、区）进行障碍度和障碍因子的分析，得到表 8.3。

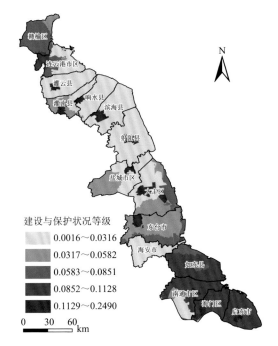

图 8.5　江苏沿海地区土地生态建设与保护综合效应评估

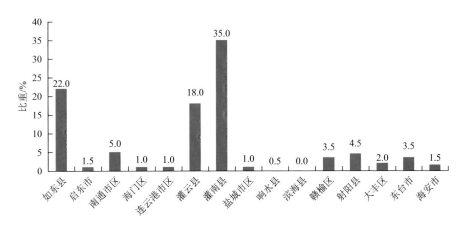

图 8.6　江苏沿海地区各县（市、区）人均林木蓄积量占比图

表 8.3　主控障碍因子分析表

序号	主控障碍因子	行政村个数	平均障碍度
1	城市非渗透地表比例	99	0.252 19
2	城市空气质量指数	12	0.222 55
3	区域环境质量指数	533	0.197 01

序号	主控障碍因子	行政村个数	平均障碍度
4	水体污染面积比例	5	0.211 50
5	水域减少率	479	0.153 63
6	土壤污染面积比例	2 315	0.286 54
7	无污染高等级耕地比例	267	0.242 98

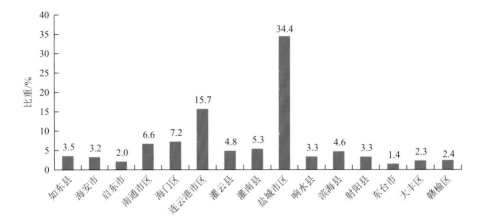

图 8.7　江苏沿海地区各县（市、区）人口密度占比图

如表 8.3 结果所示，江苏沿海地区障碍因子共七大类，分别为城市非渗透地表比例、城市空气质量指数、区域环境质量指数、水体污染面积比例、水域减少率、土壤污染面积比例和无污染高等级耕地比例。其中，主控障碍因子为城市非渗透地表比例的行政村有 99 个，其平均障碍度为 0.252 19；主控障碍因子为城市空气质量指数的行政村有 12 个，其平均障碍度为 0.222 55；主控障碍因子为区域环境质量指数的行政村有 533 个，其平均障碍度为 0.197 01；主控障碍因子为水体污染面积比例的行政村有 5 个，其平均障碍度为 0.211 50；主控障碍因子为水域减少率的行政村有 479 个，其平均障碍度为 0.153 63；主控障碍因子为土壤污染面积比例的行政村有 2315 个，其平均障碍度为 0.286 54；主控障碍因子为无污染高等级耕地比例的行政村有 267 个，其平均障碍度为 0.242 98。

其中，主控障碍因子影响行政村个数最多的是土壤污染面积比例（图 8.8），其影响行政村个数占总数的 62.40%；主控障碍因子影响行政村个数最少的是水体污染面积比例，其影响行政村个数占总数的 0.13%。另外，主控障碍因子中平均障碍度最大的为土壤污染面积比例，表明该主控因子实际值在沿海地区与理想值偏离度最大，该项因子的生态效应最需要得到改善。

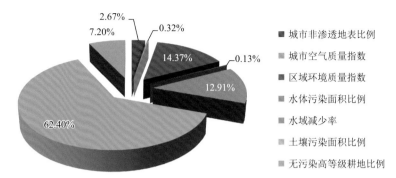

图 8.8　主控障碍因子影响行政区个数占比

8.3　土地生态状况质量评估

8.3.1　土地生态状况分析

　　对江苏沿海地区 15 个县（市、区）城镇、农村的土地生态自然基础状况基础性指标层，土地生态结构状况性指标层，土地生态污染、损毁、退化状况指标层，生态建设与保护综合效应指标层及区域性指标准则层的分值进行评估，最终得到江苏沿海地区土地生态状况质量的综合分值，并进行 Jenks 自然断裂法分类得到综合评估图（图 8.9）。

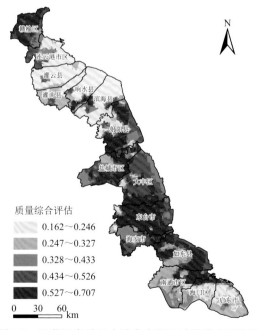

图 8.9　江苏沿海地区土地生态状况质量综合评估图

由图 8.9 可以看出，江苏沿海地区土地生态状况质量分值较小的区域分布于该地区的北部和南部，即灌云县、灌南县、滨海县、响水县及海门区和启东市，而北部各县（市、区）相对于南部综合评估值更小，分值较大的区域分布在中部地区，如典型研究区大丰区、东台市、亭湖区等，其中大丰、东台、射阳等县（市、区）的东部综合评估值小于其他区域。由此可见，综合评估值在江苏沿海各县（市、区）的空间分布大小排序为沿海地区北部＜沿海地区南部＜沿海地区中部（东部边缘区）＜沿海地区中部（中西部）。

8.3.2　评估结果合理性分析与匹配分析

综合评估结果与区域自然条件、社会经济发展等相关指标进行相关性分析，其中自然条件指标选取如表 8.4 所示的年均降雨量、有机质含量、有效土层厚度、碳储量、坡度、高程和植被覆盖度为代表性指标；社会经济发展指标选取 2011 年人口数和 GDP 为代表性指标。

表 8.4　综合评估结果与自然条件、社会经济发展相关度值

指标层	元指标层	相关系数
自然条件指标	年均降雨量	−0.4127
	有机质含量	−0.4333
	有效土层厚度	0.6822
	碳储量	0.3360
	坡度	0.3556
	高程	0.6546
	植被覆盖度	0.5546
社会经济发展指标	2011 年人口数	−0.4190
	2011 年 GDP	−0.6293

相关性分析结果表明：

（1）与自然条件指标相关性分析中，有效土层厚度、碳储量、坡度、高程、植被覆盖度都与土地生态综合评估结果呈正相关关系，表明这些自然条件指标值越大，土地生态状况质量越好，最大值为有效土层厚度，其值为 0.6822；同时，与综合评估结果呈负相关关系的指标有年均降雨量和有机质含量，表明这两个指标值越大，土地生态综合质量越差（图 8.10）。

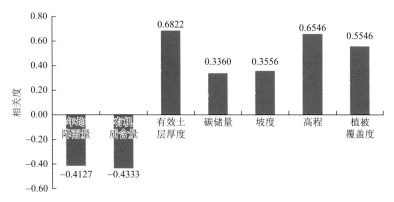

图 8.10　自然条件指标与综合评估结果相关度值

（2）在社会经济发展指标相关性分析中，2011 年人口数与 2011 年生产总值都和综合评估结果呈负相关关系，两者的相关度值分别为–0.4190 和–0.6293（图 8.11），表明 2011 年人口数和 2011 年生产总值越大的地区，换而言之，人口集聚和经济发展较快的地区，土地综合生态质量越差，反之，质量越好，这与人类活动对土地生态效益的影响有关。另外，沿海地区生产总值对综合评估分值的影响程度大于人口数。

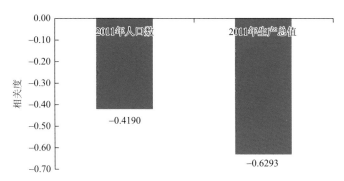

图 8.11　社会经济发展指标与综合评估结果相关度值

分析自然条件指标和社会经济发展指标与综合评估结果相关度值均值得到，自然条件指标相关度绝对值均值为 0.4899，社会经济发展指标相关度绝对值均值为 0.5242，表明整体上自然条件指标与综合评估结果的相关性没有社会经济发展指标高，其对土地生态状况的影响程度低于社会经济发展指标。

江苏沿海地区 15 县（市、区）土壤具有以含粉砂为主、分选性好和优势粒级明显的普遍规律，母质是在近海水动力条件下沉积形成的。沿海地区中部和南部，波浪作用强，海滩沉积物被波浪反复多次搬运，得到充分的分选，沉积物的颗粒均匀，以粉砂含量为主。土壤有机质百分含量为 0.27%～3.21%，平均值为 1.57%，土壤肥力水平较低（图 8.12）。

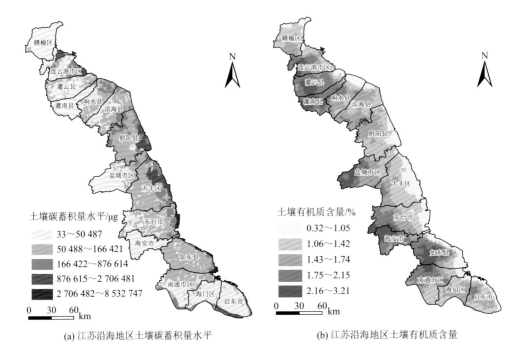

(a) 江苏沿海地区土壤碳蓄积量水平　　　　　　　　(b) 江苏沿海地区土壤有机质含量

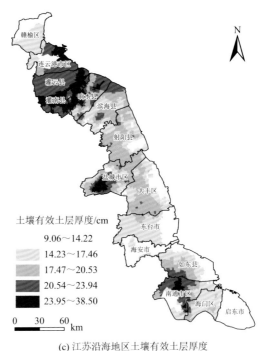

(c) 江苏沿海地区土壤有效土层厚度

图 8.12　江苏沿海地区土壤性质图

土壤有效土层厚度（主要种植作物为水稻的耕作层厚度）最小值为 9.06 cm，最大值为 38.50 cm，平均值为 18.23 cm，耕作层厚度较厚，适宜农业耕作。土壤碳蓄积水平在 61.20～8 532 747 μg，高低相差很大。

土壤有机质含量空间分异呈现西部高、东部低梯级下降规律，距离黄海越近有机质含量越小，土壤肥力水平越低。有机质含量较高的县（市）主要有东台市、灌云县、灌南县、响水县和如东县等，最高值分布在东台市西鲍村、罗东村、赵徐村、鲍南村等地区，最低值分布在如东、启东等县（市）沿海滩涂开发地区。耕作层厚度值空间分布呈现西北、西南靠内陆地区较高，中部及沿海滩涂厚度值较小的规律。整体看，除启东市、东台市大部分地区和滨海县部分地区之外，其他县（市、区）靠内陆地区的耕作层厚度一般在 15 cm 以上，较适宜农业种植。具体看，耕作层厚度最高值分布在响水县的中舍村、城南社区和徐洪村等地区，最低值分布在大丰港经济区等沿海滩涂区。

土壤碳蓄积量空间分布规律与土壤有机质含量相反，呈现距离黄海越近，土壤碳蓄积量值越高的规律，沿海滩涂成为这一地区的碳汇。整体看，东台市、如东县、大丰区和射阳县的碳蓄积量较大，海门区、启东市、灌云县和灌南县等地区碳蓄积量较小。具体看，最大值分布在东台市滩涂等沿海滩涂区，最小值分布在连云区鸽岛和灌云县镇西社区等地区。

连云港、宿迁、淮安、盐城四市主要植被为温带落叶阔叶林，向南至中部过渡为亚热带常绿落叶阔叶混交林，最南部为亚热带常绿阔叶林。植被覆盖率平均值达到 45.03%，最大值为 100%。生物量最大值为 1522.60 gC/(m^2·a)，最小值为 1165.61 gC/(m^2·a)，平均值为 1398.19 gC/(m^2·a)（图 8.13）。

植被覆盖度空间分布呈现西北高、东部较低的规律；城镇及周边地区植被覆盖率明显偏低，经济欠发达地区植被覆盖度相对较高。植被覆盖度最高值分布在海门区元菊村、如东县迎春社区和响水县港南村等地区，最低值分布在连云区新民社区、前山岛和启东市桃洪村等地区。

生物量空间分布呈现以大丰区为中心低值区、向四周辐射增加的规律。整体看，大丰区为整个研究区生物量最低地区，其次为亭湖区、东台市和连云区以及灌云县的部分地区，较高地区为通州区、如东县和启东市的部分地区。具体看，生物量最大值主要分布在通州区颜港村、张大圩村、袁三圩村等地区，最低值主要分布在大丰区阜南村、双喜村、丰裕社区等地区。

海岸类型除基岩海岸（4%）和砂质海岸（3%）外，93%为粉砂淤泥质海岸，其中堆积型粉砂淤泥质海岸长 571 km。地势低平，西高东低，在建湖—射阳一带，海拔 0～2 m，其他沿海区域海拔为 2～5 m。其中，连云港市低山丘陵地区海拔 5～100 m，局部大于 200 m。根据地貌的成因特点，本区主要为堆积地貌，其中北部为古黄河、古淮河泛滥堆积，南部为长江冲积物堆积；少量为构造剥蚀地貌，位

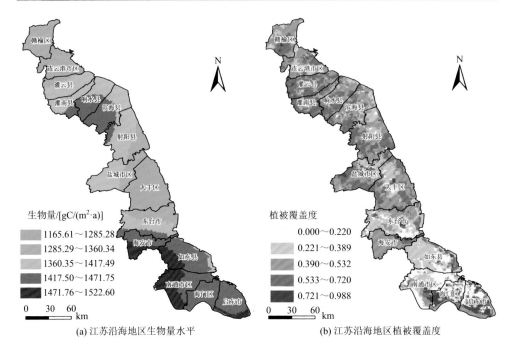

(a) 江苏沿海地区生物量水平　　　　　(b) 江苏沿海地区植被覆盖度

图 8.13　江苏沿海地区植被性质图

于连云港市内丘陵的山前地带和海州湾水下浅滩。另外,南黄海辐射状沙脊群南北长达 200 km,东西宽 90 km,海区水深可达 25 m,以弶港为中心向外呈辐射状分布,由辐射点向北东和南东方向共分布有 10 条形态完整的大型水下沙脊,每个沙脊长约为 100 km,宽约为 10 km;多数沙脊在近岸部分,低潮时出露成为沙洲,面积达 1 km² 以上的沙洲有 50 余个。坡度最大值为 23.21°,最小值为 0°,平均值为 1.33°,整体平坦无垠。调查区 13 个县(市、区)高程范围介于 0~411.61 m(图 8.14)。

坡度值空间分布呈现西北高、东南低的规律,江苏沿海滩涂明显要比其他地区平坦。整体看,连云区为整个研究区最陡地区,其次为灌云县、灌南县、响水县和滨海县,如东县、海门区和启东市为最平坦地区。具体看,坡度最大值主要分布在连云区墟沟林场、连岛林场等地区,最小值主要分布在如东县掘港镇渔场、东台市东川农场等地区。

高程值空间分布呈现类似于坡度值的空间分布规律,高程较大值为条带状分布。整体看,连云区为高程最高地区,其次为滨海县、射阳县、亭湖区、大丰区、东台市和响水县部分地区,最低地区为如东县、通州区、海门区和启东市。

调查区为暖温带向亚热带过渡型气候,具有明显的季风特征,四季分明、雨热同步、雨量集中、光照充足,自然条件优越,气候资源丰富。兼受西风带、副

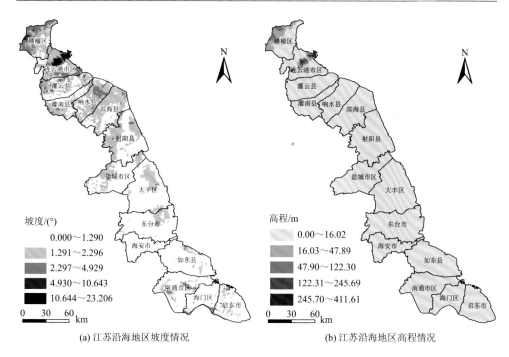

(a) 江苏沿海地区坡度情况　　　　　　　　(b) 江苏沿海地区高程情况

图 8.14　江苏沿海地区地形图

热带和热带辐合带天气系统影响，气候复杂，灾害性天气频繁。各地平均气温介于 13～16 ℃，江南 15～16 ℃，江淮流域 14～15 ℃，淮北及沿海 13～14 ℃，由东北向西南逐渐增高。最冷月为 1 月，平均气温–1.0～3.3 ℃，其等温线与纬度平行，由南向北递减，大部分地区 7 月为最热月，沿海部分地区最热月为 8 月，平均气温为 26～28.8 ℃，其等温线与海岸线平行，温度由沿海向内陆增加。春季升温西部快于东部，东西相差 4～7 d；秋季降温南部慢于北部，南北相差 3～6 d（图 8.15）。

　　江苏沿海地区年均降水量以大丰区为中心低值区，向四周辐射增加。整体看，调查区南部为年均降水最多的地区，西北部次之。具体看，年均降水量最大值主要分布在如东县西部地区、通州区西北地区和启东市西南地区，其次为如东县、通州区、启东市其他地区，以及滨海县和响水县的部分地区。

　　降水量季节分配空间分布呈现以大丰区为中心低值区，向四周辐射增加，并且向北部增加的梯度明显比向南部增加的梯度大。降水量季节分配高值区主要集中在调查区西北四县（灌云县、灌南县、响水县和滨海县），其次为如东县、南通市区、海门区和启东市，最低值主要分布在大丰区及周边地区。

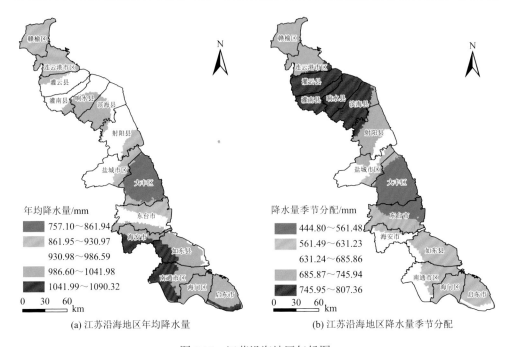

(a) 江苏沿海地区年均降水量　　　　　　　　(b) 江苏沿海地区降水量季节分配

图 8.15　江苏沿海地区气候图

第9章 沿海地区土地生态系统服务价值评价与红线划定

9.1 土地利用生态系统服务价值评价

9.1.1 生态系统服务价值评价方法

1. 生态系统服务价值评估模型

生态系统服务价值是在各种生态系统类型的生态系统服务功能的基础上确定的。谢高地等（2003）参考 Costanza 的部分研究成果，对于我国 200 多位生态学家进行了问卷调查，结合中国陆地生态系统的实际特点，总结了气体调节、气候调节、水源涵养、土壤形成与保护、废物处理、生物多样性保护、食物生产、原材料生产、娱乐文化 9 项生态系统服务功能，制定了中国生态系统单位面积生态系统服务价值当量因子表（表 9.1）。该表中生态系统服务价值当量因子定义为 1 hm² 全国平均产量的农田每年自然粮食产量的经济价值，代表生态系统产生的生态服务的相对贡献大小的潜能，由此可以计算出当年生态系统服务单价表，确定 1 个生态系统服务价值当量因子的经济价值量等于当年全国粮食单产市场价值的 1/7。之后国内研究者大多套用谢高地等（2003）根据当量因子表确定的生态系统服务单价来计算生态系统服务价值公式中的 E_{ij}，形成了国内典型的生态系统服务价值评估模型：

$$V = \sum_{i=1}^{m} \sum_{j=1}^{n} A_j E_{ij} \qquad i = 1, 2, \cdots, 9; \ j = 1, 2, \cdots, n$$

式中，V 为研究区生态系统服务总价值；A_j 为 j 类生态系统面积；E_{ij} 为 j 类生态系统第 i 项生态系统服务单价；n 为生态系统类型总数；m 为生态系统服务的功能，$m = 9$。

表 9.1 中国生态系统单位面积生态系统服务价值当量因子表

生态系统服务价值体系	森林	草地	农田	湿地	水体	荒漠
气体调节	3.5	0.8	0.5	1.8	0	0
气候调节	2.7	0.9	0.89	17.1	0.46	0
水源涵养	3.2	0.8	0.6	15.5	20.38	0.03
土壤形成与保护	3.9	1.95	1.46	1.71	0.01	0.02

生态系统服务价值体系	森林	草地	农田	湿地	水体	荒漠
废物处理	1.31	1.31	1.64	18.18	18.18	0.01
生物多样性保护	3.26	1.09	0.71	2.5	2.49	0.34
食物生产	0.1	0.3	1	0.3	0.1	0.01
原材料生产	2.6	0.05	0.1	0.07	0.01	0
娱乐文化	1.28	0.04	0.01	5.55	4.34	0.01

　　生态系统的生态服务功能大小主要是由生态系统的生物量决定的，因此谢高地等（2003）还提出了生态服务单价的修订公式：

$$P_{ij} = (b_j / B)P_i \qquad i = 1,2,\cdots,9;\ \ j = 1,2,\cdots,n$$

式中，P_{ij} 为订正后的单位面积生态系统服务价值，i 为气体调节等 9 种生态系统服务价值，j 为不同的生态系统类型；P_i 为不同生态系统服务价值基准单价；b_j 为 j 类生态系统的生物量；B 为我国一级生态系统类型单位面积平均生物量。

　　2. 江苏沿海地区生态系统单位面积生态系统服务价值的确定

　　谢高地等（2003）将表 9.2 确定的单位面积生态系统服务价值一般应用在区域尺度较大的地区，江苏沿海地区跨度比较小，如果直接应用必然存在一定的偏差。因此，本书在结合谢高地订正公式的基础上，运用生物量及价值理论，对于公式进行了一定的修改，具体如下。

　　（1）农田生态系统单位面积食物生产服务价值。

$$E_f = \frac{1}{7}\sum_{i=1}^{m}\lambda_i p_i q_i$$

式中，E_f 为单位面积农田生态系统提供食物生产服务的经济价值；i 为作物的种类；m 为江苏沿海地区主要粮食作物的种类数；p_i 为研究时间段内全国第 i 类粮食作物的平均价格；q_i 为 i 类粮食作物的单位面积产量；λ_i 为江苏沿海地区 i 类粮食作物种植面积权重，即 i 类粮食作物的种植面积/粮食作物播种的总面积。

　　（2）其他生态系统服务单位面积生态系统服务价值。

$$E_{ij} = f_{ij}E_f$$

式中，E_{ij} 为第 i 种生态系统的第 j 种生态服务功能的单位价值；f_{ij} 为第 i 种生态系统的第 j 种生态服务功能相对于农田生态系统的当量因子系数。

　　（3）生态系统服务价值。

　　江苏沿海地区生态系统服务价值的计算本书仍采用本章第一个公式，单位为元。而对于江苏沿海地区生态系统的单项服务功能价值，本书利用下面公式计算：

$$V_i = \sum_{j=1}^{n} A_j \times E_{ij}$$

式中，V_i 为江苏沿海地区生态系统第 i 种功能的单项服务功能价值，单位为元；A_j 为江苏沿海地区第 j 种土地利用类型的面积。

9.1.2　生态系统服务价值计算结果

根据江苏沿海地区生态系统情况，以及土地利用数据，可以计算出其在 2005 年、2010 年和 2015 年的每种地类的生态系统服务价值（表 9.2～表 9.4）。

表 9.2　江苏沿海地区 2005 年生态系统单位面积生态系统服务价值表（单位：元/hm²）

地区	生态系统服务价值体系	林地	草地	耕地	滩涂	水域
连云港片区	气体调节	5 377.52	1 229.15	768.22	2 765.58	0
	气候调节	4 148.37	1 382.79	1 367.43	26 273.04	706.76
	水源涵养	4 916.59	1 229.15	921.86	23 814.74	31 312.54
	土壤形成与保护	5 992.10	2 996.05	2 243.20	2 627.30	15.36
	废物处理	2 012.73	2 012.73	2 519.75	27 932.38	27 932.38
	生物多样性保护	5 008.78	1 674.72	1 090.87	3 841.09	3 825.73
	食物生产	153.64	460.93	1 536.44	460.93	153.64
	原材料生产	3 994.73	76.83	153.64	107.55	15.36
	娱乐文化	1 966.63	61.46	15.36	8 527.22	6 668.13
盐城片区	气体调节	33 571.11	11 123.79	10 616.76	96 349.84	70 629.92
	气候调节	6 306.86	1 441.57	900.98	3 243.53	0
	水源涵养	4 865.29	1 621.76	1 603.74	30 813.52	828.90
	土壤形成与保护	5 766.27	1 441.57	1 081.18	27 930.38	36 723.94
	废物处理	7 027.64	3 513.82	2 630.86	3 081.35	18.02
	生物多样性保护	2 360.57	2 360.57	2 955.21	32 759.63	32 759.63
	食物生产	5 874.39	1 964.13	1 279.39	4 504.90	4 486.88
	原材料生产	180.20	540.59	1 801.96	540.59	180.20
	娱乐文化	4 685.10	90.10	180.20	126.14	18.02
南通片区	气体调节	2 306.51	72.08	18.02	10 000.88	7 820.50
	气候调节	39 372.83	13 046.19	12 451.55	113 000.91	82 836.11
	水源涵养	5 918.17	1 352.72	845.45	3 043.63	0
	土壤形成与保护	4 565.44	1 521.81	1 504.90	28 914.48	777.81

地区	生态系统服务价值体系	林地	草地	耕地	滩涂	水域
南通片区	废物处理	5 410.90	1 352.72	1 014.54	26 209.03	34 460.64
	生物多样性保护	6 594.53	3 297.27	2 468.72	2 891.45	16.91
	食物生产	2 215.09	2 215.09	2 773.09	30 740.65	30 740.65
	原材料生产	5 512.35	1 843.09	1 200.54	4 227.26	4 210.35
	娱乐文化	169.09	507.27	1 690.91	507.27	169.09
江苏沿海地区	气体调节	4 396.35	84.55	169.09	118.36	16.91
	气候调节	2 164.36	67.64	16.91	9 384.53	7 338.53
	水源涵养	36 946.28	12 242.16	11 684.15	106 036.65	77 730.90
	土壤形成与保护	5 950.09	1 360.02	850.01	3 060.05	0
	废物处理	4 590.07	1 530.02	1 513.03	29 070.43	782.01
	生物多样性保护	5 440.08	1 360.02	1 020.02	26 350.39	34 646.51
	食物生产	6 630.10	3 315.05	2 482.04	2 907.05	17.01
	原材料生产	2 227.04	2 227.04	2 788.04	30 906.45	30 906.45
	娱乐文化	5 542.08	1 853.03	1 207.02	4 250.06	4 233.07

表 9.3　江苏沿海地区 2010 年生态系统单位面积生态系统服务价值表（单位：元/hm^2）

地区	生态系统服务价值体系	林地	草地	耕地	滩涂	水域
连云港片区	气体调节	5 752.25	1 314.80	821.75	0	5 752.25
	气候调节	4 437.45	1 479.15	1 462.72	756.01	4 437.45
	水源涵养	5 259.20	1 314.80	986.10	33 494.53	5 259.20
	土壤形成与保护	6 409.65	3 204.83	2 399.51	16.44	6 409.65
	废物处理	2 152.99	2 152.99	2 695.34	29 878.83	2 152.99
	生物多样性保护	5 357.81	1 791.42	1 166.89	4 092.32	5 357.81
	食物生产	164.35	493.05	1 643.50	164.35	164.35
	原材料生产	4 273.10	82.18	164.35	16.44	4 273.10
	娱乐文化	2 103.68	65.74	16.44	7 132.79	2 103.68
盐城片区	气体调节	35 910.48	11 898.94	11 356.59	75 551.7	35 910.48
	气候调节	6 324.48	1 445.60	903.50	0	6 324.48
	水源涵养	4 878.89	1 626.30	1 608.23	831.22	4 878.89
	土壤形成与保护	5 782.38	1 445.60	1 084.20	36 826.56	5 782.38
	废物处理	7 047.28	3 523.65	2 638.22	18.07	7 047.28
	生物多样性保护	2 367.16	2 367.16	2 963.47	32 851.17	2 367.16
	食物生产	5 890.81	1 969.63	1 282.97	4 499.42	5 890.81
	原材料生产	180.70	542.10	1807.00	180.70	180.70
	娱乐文化	4 698.19	90.35	180.70	18.07	4 698.19

续表

地区	生态系统服务价值体系	林地	草地	耕地	滩涂	水域
南通片区	气体调节	2 312.96	72.28	18.07	7 842.35	2 312.96
	气候调节	39 482.85	13 082.64	12 486.33	83 067.56	39 482.85
	水源涵养	6 159.90	1 407.98	879.99	0	6 159.9
	土壤形成与保护	4 751.92	1 583.97	1 566.37	809.59	4 751.92
	废物处理	5 631.90	1 407.98	1 055.98	35 868.19	5 631.90
	生物多样性保护	6 863.88	3 431.94	2 569.56	17.60	6 863.88
	食物生产	2 305.56	2 305.56	2 886.35	31 996.26	2 305.56
	原材料生产	5 737.51	1 918.36	1 249.58	4 382.32	5 737.51
	娱乐文化	176.00	527.99	1 759.97	176.00	176.00
江苏沿海地区	气体调节	4 575.92	88.00	176.00	17.60	4 575.92
	气候调节	2 252.76	70.40	17.60	7 638.27	2 252.76
	水源涵养	38 455.34	12 742.18	12 161.40	80 905.82	38 455.34
	土壤形成与保护	6 121.33	1 399.16	874.48	0	6 121.33
	废物处理	4 722.17	1 574.06	1 556.57	804.52	4 722.17
	生物多样性保护	5 596.64	1 399.16	1 049.37	35 643.60	5 596.64
	食物生产	6 820.91	3 410.45	2 553.47	17.49	6 820.91
	原材料生产	2 291.12	2 291.12	2 868.28	31 795.91	2 291.12
	娱乐文化	5 701.58	1 906.36	1 241.75	4 354.89	5 701.58

表 9.4　江苏沿海地区 2015 年生态系统单位面积生态系统服务价值表（单位：元/hm^2）

地区	生态系统服务价值体系	林地	草地	耕地	滩涂	水域
连云港片区	气体调节	7 397.13	1 690.77	1 056.73	3 804.24	0
	气候调节	5 706.36	1 902.12	1 880.98	36 140.25	972.19
	水源涵养	6 763.09	1 690.77	1 268.08	32 758.71	43 072.42
	土壤形成与保护	8 242.51	4 121.26	3 085.66	3 614.03	21.14
	废物处理	2 768.64	2 768.64	3 466.08	38 422.80	38 422.80
	生物多样性保护	6 889.89	2 303.67	1 500.56	5 283.66	5 262.53
	食物生产	211.35	634.04	2 113.47	634.04	211.35
	原材料生产	5 495.01	105.68	211.35	147.94	21.14
	娱乐文化	2 705.24	84.54	21.14	11 729.74	9 172.44
盐城片区	气体调节	46 179.22	15 301.49	14 604.05	132 535.39	97 155.99
	气候调节	7 529.46	1 721.02	1 075.64	3 872.30	0
	水源涵养	5 808.44	1 936.15	1 914.64	36 786.8	989.59
	土壤形成与保护	6 884.08	1 721.02	1 290.77	33 344.76	43 842.98

续表

地区	生态系统服务价值体系	林地	草地	耕地	滩涂	水域
盐城片区	废物处理	8 389.97	4 194.99	3 140.86	3 678.69	21.52
	生物多样性保护	2 818.18	2 818.18	3 528.09	39 110.18	39 110.18
	食物生产	7 013.16	2 344.89	1 527.41	5 378.19	5 356.68
	原材料生产	215.13	645.38	2 151.28	645.38	215.13
	娱乐文化	5 593.32	107.57	215.13	150.59	21.52
南通片区	气体调节	2 753.63	86.05	21.52	11 939.58	9 336.53
	气候调节	47 005.36	15 575.23	14 865.32	134 906.46	98 894.12
	水源涵养	7 318.66	1 672.84	1 045.52	3 763.88	0
	土壤形成与保护	5 645.82	1 881.94	1 861.03	35 756.87	961.88
	废物处理	6 691.34	1 672.84	1 254.63	32 411.20	42 615.50
	生物多样性保护	8 155.08	4 077.54	3 052.93	3 575.69	20.91
	食物生产	2 739.27	2 739.27	3 429.31	38 015.20	38 015.20
	原材料生产	6 816.81	2 279.24	1 484.64	5 227.61	5 206.70
	娱乐文化	209.10	627.31	2 091.05	627.31	209.10
江苏沿海地区	气体调节	5 436.72	104.56	209.10	146.38	20.91
	气候调节	2 676.54	83.64	20.91	11 605.30	9 075.13
	水源涵养	45 689.34	15 139.16	14 449.12	131 129.43	96 125.34
	土壤形成与保护	7 440.35	1 700.65	1 062.91	3 826.47	0
	废物处理	5 739.70	1 913.23	1 891.97	36 351.44	977.87
	生物多样性保护	6 802.61	1 700.65	1 275.49	32 950.13	43 324.11
	食物生产	8 290.68	4 145.34	3 103.69	3 635.15	21.26
	原材料生产	2 784.82	2 784.82	3 486.34	38 647.32	38 647.32
	娱乐文化	6 930.16	2 317.14	1 509.33	5 314.54	5 293.28

9.1.3　生态系统服务价值变化特征

1. 总体变化特征

根据江苏沿海地区生态系统单位面积生态系统服务价值表，以及三期土地利用数据，可以计算出江苏沿海地区三期生态系统服务价值及各期中每类生态系统服务功能的价值。具体如图 9.1 所示。

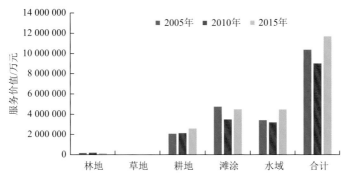

图 9.1　江苏沿海地区三期生态系统服务价值

　　江苏沿海地区 2005 年、2010 年、2015 年的生态系统服务价值分别为 9 856 501.66 万元、8 552 592.29 万元、11 101 511.4 万元，生态系统的服务价值呈现先减后增的状况。而整体来看，2005～2015 年生态系统的服务价值处于增加的状态，这主要由于在整个研究期间，第一大面积土地利用类型——耕地的面积处于增加状态，这也说明江苏沿海地区 2015 年的生态环境质量有所提高。

　　由于生态系统的服务价值与土地利用类型的面积密切相关，在研究的不同时期土地利用类型的面积是不断发生改变的，因此造成了在不同时期各类土地利用所对应的生态系统服务价值不同，产生时间上的变化，本书将 2005～2010 年称为前期，将 2010～2015 年称为后期，2005～2015 年称为整个研究时间段。

　　（1）耕地在 2005 年、2010 年、2015 年的生态系统服务价值分别为 1 953 124.48 万元、2 011 132.62 万元、2 457 724.73 万元，前期生态系统服务价值增加了 58 008.15 万元，变化率为 2.81%，后期生态系统服务价值增加了 446 592.09 万元，变化率为 21.09%，整个研究时间段内，增加了 504 600.24 万元，变化率为 24.55%，在各种土地利用类型中所占比重处于第三位。

　　（2）林地的生态系统服务价值处于先增加、后减少状态，前期生态系统的服务价值由 2005 年的 159 794.19 万元增加到 187 107.52 万元，变化率为 16.23%，后期处于快速减少状态，5 年减少了 58 679.81 万元，变化率为 29.79%，就整体而言，林地生态系统的服务价值呈减少状态，且排在减少土地利用类型的第二位，整个研究时段内减少了 31 366.47 万元，减少率为 18.65%，并且林地对整个区域生态系统服务价值贡献率排在 5 种土地利用类型的倒数第二位。

　　（3）草地的生态系统服务价值处于先减少、后增加状态，后期增加的速度要比前期减少的速度快得多，前期 5 年内减少了 2273.82 万元，后期 5 年增加了 19 149.05 万元。整个研究时间内，草地的生态系统服务价值共增加了 16 875.23 万元，是生态系统服务价值增加最少的土地利用类型。

（4）水域的生态系统服务价值处于先减少、后增加状态，前期水域生态系统的服务价值减少了 198 921.66 万元，后期增加了 1 199 367.16 万元，整个研究时段内增加了 1 000 445.49 万元。

（5）滩涂的生态系统服务价值前期呈减少的状态，减少了 1 188 035.37 万元，后期呈增加的状态，增加了 942 490.61 万元，整个研究时段内减少了 245 544.76 万元，从图 9.1 中也可以看出，滩涂在各个年份中的生态系统服务价值是最多的，对于整个区域生态系统服务价值的贡献率最高。

2. 分区变化特征

具体到江苏沿海地区 15 个县（市、区）的情况，由于它们的面积及各类土地利用的面积各不相同，因此所对应的生态系统服务价值也不同。其中，江苏沿海地区 2005 年、2010 年、2015 年各县（市、区）生态系统服务价值分布以及变化情况如下。生态系统服务价值在江苏沿海地区全区的总体分布规律为由东向西、由中部向南北递减。2005 年，江苏沿海地区各县（市、区）的生态系统服务总价值的顺序：东台市＞如东县＞大丰区＞射阳县＞启东市＞响水县＞盐城市区＞滨海县＞灌云县＞赣榆区＞海门区＞海安市＞灌南县＞连云港市区＞南通市区；2010 年，江苏沿海地区各县（市、区）的生态系统服务总价值的顺序：如东县＞东台市＞大丰区＞射阳县＞启东市＞盐城市区＞滨海县＞灌云县＞赣榆区＞如皋市＞响水县＞海安市＞连云港市区＞灌南县＞海门区＞南通市区；2015 年，江苏沿海地区各县（市、区）的生态系统服务总价值的顺序：如东县＞大丰区＞东台市＞射阳县＞盐城市区＞滨海县＞启东市＞赣榆区＞响水县＞灌云县＞海门区＞海安市＞连云港市区＞如皋市＞灌南县＞南通市区。可以看出不同年份排在前三名的始终是如东县、大丰区和东台市 3 个县（市、区），而南通市区则一直排在最后一位。

根据 3 年中各县（市、区）生态系统服务总价值的增减变化趋势，可以将江苏沿海地区各县（市、区）大致分为以下 3 种类型。

（1）先减后增型：即 2005～2010 年的生态系统服务总价值呈减少状态，而 2010～2015 年的生态系统服务价值呈增加状态，主要包括的区域有如东县、大丰区、射阳县、盐城市区、滨海县、启东市、响水县、海门区、南通市区。

（2）增加型：即由 2005～2010 年再到 2015 年一直处于不断增加状态，主要为通州区、赣榆区、灌云县、海安市、连云港市区、灌南县。

（3）减少型：即由 2005～2010 年再到 2015 年一直处于不断减少状态，主要包括东台市。

9.2　江苏沿海地区土地生态红线划定

9.2.1　土地生态红线划定方法

1. 生态保护现状分析

开展区域生态保护现状调查，识别重要生态功能区、生态敏感区、生态脆弱区等具有重要生态服务功能的区域，明确保护目标与重点。系统分析区域自然生态系统结构与功能状况、时空变化特征及受自然与人为因素威胁状况，综合评估生态保护成效与存在的问题。

2. 生态敏感要素识别

基于生态现状及生态结构分析，识别生态敏感要素及敏感级别。生态红线因子包括：饮用水源地、基本农田、坡度（大于 25°）、河流廊道、地震断裂带、公益林、滩涂等。

3. 生态保护红线划定

根据区域生态保护重要性评价结果，将生态保护重要区域划定为一级红线管制区、二级红线管制区。具体因子见表 9.5。

表 9.5　沿海生态保护红线因子

序号	因子	细化因子
1	景观类型	农田、草地、建设用地、林地
2	水源地	一级水源地保护区、二级水源地保护区
3	自然保护区	自然保护区核心区、缓冲区、实验区
4	坡度	大于 25°、15°～25°、5°～15°、5°以下
5	公益林	重要的公益林、一般公益林
6	河流廊道	河流、水库

以第二次全国土地调查地块为基本单元，通过空间分析，将上述划定结果与第二次全国土地调查数据套核，完成红线初步划定。

4. 现场踏勘核查

采用高分辨率遥感影像，开展遥感与地面踏勘相结合的核查，核查生态保护红线区域的保护价值；同时确认上位法明确的自然文化资源保护区域是否已纳入红线区，以及生态功能区划是否与实际相符。最后，根据核查情况，对初步划定的生态功能区划做相应的调整完善。

5. 结果修订与落地

为保证生态保护红线区生态完整性与空间连续性，红线斑块最小上图斑块面积为 50 hm²，红线区内面积较小的村庄、农田等地块可予以保留，因而把 1 hm²的细小斑块予以剔除。根据现场勘查与生态功能分析，将距离较近、具有部分连续性的斑块连接，并将锯齿形斑块圆滑处理。

此外，对于城市规划和土地利用总体规划中建设用地与红线冲突斑块，调出红线区，划定为二级红线管制区，最终形成落地的生态红线。

9.2.2 江苏省生态保护的发展历程

江苏省生态保护是我国生态保护的重要组成部分，其历程经过了几个阶段（表 9.6）：萌芽期（1949～1978 年）、起步期（1978～1996 年）、发展期（1996～2012 年）、新时期（2012 年至今）。尤其是 2013 年 8 月，江苏省出台《江苏省生态红线区域保护规划》，将生态保护推上一个新的发展阶段，生态红线区域的划定，是江苏省生态文明建设的基础性工作，是贯彻以节约优先、保护优先、自然恢复为主方针的具体化，对于妥善处理保护与发展的关系，从根本上预防和控制各种不合理的开发建设活动对生态功能的破坏，构建生态安全格局，推动科学发展，具有重要作用。

表 9.6 江苏省生态保护的发展历程

阶段划分	具体措施（国家层面）	具体措施（江苏层面）
萌芽期（1949～1978 年）	1949～1972 年，我国既没有专门的环境保护与资源管理机构，也没有明确的环境保护目标和任务，同时缺少以环境保护为主体的法律	
	1973 年 8 月 5 日，第一次全国环境保护会议在北京召开，会议审议通过了第一个全国性环境保护文件《关于保护和改善环境的若干规定（试行草案）》	
起步期（1978～1996 年）	我国积极参加国际环境保护会议，先后加入多个世界性环境保护组织，签订了多个协议，参与多个国际环境公约	
	我国加强生态保护的法治建设：1978 年第五届全国人民代表大会第一次会议将环境保护写入《宪法》，1979 年第五届全国人民代表大会常务委员会第十一次会议通过《中华人民共和国环境保护法（试行）》，1989 年第七届全国人民代表大会常务委员会第十一次会议通过《中华人民共和国环境保护法》	1995 年在国家设立的县一级生态示范区中，江苏省第一批有 5 个地区（扬中市、大丰县①、姜堰市②、江都市③、宝应县）入围

---

① 大丰县现为大丰区。

② 姜堰市现为姜堰区。

③ 江都市现为江都区。

续表

阶段划分	具体措施（国家层面）	具体措施（江苏层面）
起步期 （1978～1996 年）	我国启动三北防护林、长江防护林、沿海防护林等大型生态建设工程 1994 年国家发布《中华人民共和国自然保护区条例》后，江苏省自然保护区建设工作开始步入正轨 1995 年国务院批准设立县一级生态示范区	1995 年在国家设立的县一级生态示范区中，江苏省第一批有 5 个地区（扬中市①、大丰县①、姜堰市②、江都市③、宝应县）入围
发展期 （1996～2012 年）	1996 年我国出台《国家环境保护‘九五’计划和 2010 年远景目标》及《国务院关于环境保护若干问题的决定》	江苏省委九届十二次全会提出“积极推进生态城市、生态省建设” 2001 年江苏省人民代表大会常务委员会明确到 2010 年基本建成生态省的战略目标 2004 年江苏省批准实施《江苏生态省建设规划纲要》
	2000 年国务院印发《全国生态环境保护纲要》	2009 年，江苏省开始探索生态空间管制，编制了《江苏省重要生态功能保护区区域规划》，在全省划分 12 类 569 个重要生态功能保护区
	2010 年 12 月，国务院印发《全国主体功能区规划》，按开发方式，将全国土地分为优化开发区域、重点开发区域、限制开发区域和禁止开发区域；按开发内容，分为城市化地区、农产品主产区和重点生态功能区	2010 年江苏省出台《关于加快推进生态省建设全面提升生态文明水平的意见》 2011 年江苏省出台《关于推进生态文明建设工程的行动计划》
新时期 （2012 年至今）	党的十八大提出要大力推进生态文明建设，强调要加强生态文明制度建设 党的十八届三中全会提出建设生态文明，必须建立系统完整的生态文明制度体制，要划定生态保护红线	2013 年 8 月 30 日，江苏省出台《江苏省生态红线区域保护规划》 2014 年 2 月，江苏省出台《江苏省主体功能区规划（2011—2020 年）》

　　到 2012 年底，全省建成国家生态市、县（市、区）22 个、国家环境保护模范城市 21 个、国家园林城市 22 个、国家森林城市 1 个、国家园林县城 6 个、国家卫生城市 7 个、国家级自然保护区 3 个、国家重点风景名胜区 5 个、国家级生态工业园区 7 个、国家级节水型城市 12 个。同时，“十一五”期间全省累计植树造林 1660.5 万亩，林木覆盖率达到 21.6%，城市绿地系统不断完善，城市建成区绿地率达到 38.3%。

9.2.3　海岸带土地生态红线划定

　　据江苏省人民政府 2013 年 8 月 30 日发布的《江苏省生态红线区域保护规划》，将自然保护区、风景名胜区、森林公园、地质遗迹保护区、湿地公园、饮用水水源保护区、海洋特别保护区、洪水调蓄区、重要水源涵养区、重要渔业水域、重要湿地、清水通道维护区、生态公益林和特殊物种保护区 14 种类型区纳入江苏沿海地区生态红线。

江苏沿海地区共划定 178 块生态红线区域，生态红线区域总面积为 8137.49 km²。陆域生态红线区域总面积为 6873.58 km²，占全区面积的 21.12%，其中，一级管控区面积为 1202.35 km²，占全区面积的 3.69%；二级管控区面积为 5671.23 km²，占全区面积的 17.42%（表 9.7）。海域生态红线区域总面积为 1263.91 km²，其中，一级管控区面积为 58.13 km²，二级管控区面积为 1205.78 km²（表 9.8）。

表 9.7　江苏沿海地区陆域生态红线区域面积

地区	全区面积/km²	管控总面积/km²	一级管控区面积/km²	二级管控区面积/km²	总面积占全区面积比例/%
南通片区	8 001	1 514.25	196.42	1 317.83	18.93
连云港片区	7 615	1 672.44	64.73	1 607.71	21.96
盐城片区	16 932	3 686.89	941.2	2 745.69	21.77
合计	32 548	6 873.58	1 202.35	5 671.23	21.12

表 9.8　江苏沿海地区海域生态红线区域面积　　（单位：km²）

地区	管控总面积	一级管控区面积	二级管控区面积
南通片区	32.52	13.86	18.66
连云港片区	841.85	44.27	797.58
盐城片区	389.54	0.00	389.54
合计	1263.91	58.13	1205.78

江苏沿海地区各县（市、区）陆域生态红线区域面积占比最大的为大丰区，占比达 32.5%，其次为赣榆区，再次为连云港市区；占比最小的为如东县，仅为9.8%。江苏沿海地区各县（市、区）海域生态红线区域主要分布于如东县、大丰区和连云港市区，其中连云港市区海域生态红线区域面积最大，其次为大丰区，最小的为如东县（图 9.2）。

南通片区内共划定 62 块生态红线区域，生态红线区域总面积为 1546.77 km²。陆域生态红线区域总面积为 1514.25 km²，占全市面积的 18.92%，其中，一级管控区面积为 196.42 km²，占全市面积的 2.45%；二级管控区面积为 1317.83 km²，占全市面积的 16.47%。海域生态红线区域总面积为 32.52 km²，其中，一级管控区面积为 13.86 km²，二级管控区面积为 18.66 km²。

连云港片区内共划定 67 块生态红线区域，生态红线区域总面积为 2514.29 km²。陆域生态红线区域总面积为 1672.44 km²，占全市面积的 21.96%，其中，一级管控区面积为 64.73 km²，占全市面积的 0.85%；二级管控区面积为 1607.71 km²，占全市面积的 21.11%。海域生态红线区域总面积为 841.85 km²，其中，一级管控区面积为 44.27 km²，二级管控区面积为 797.58 km²。

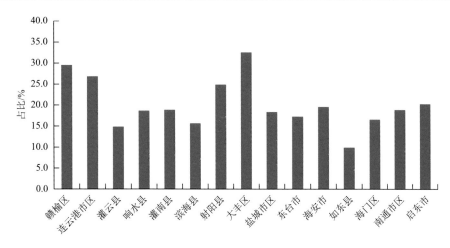

图 9.2　江苏沿海地区各县（市、区）陆域生态红线面积占比

　　盐城片区内共划定 49 块生态红线区域，生态红线区域总面积为 4076.43 km^2。陆域生态红线区域总面积为 3686.89 km^2，占全市面积的 21.78%，其中，一级管控区面积为 941.2 km^2，占全市面积的 5.56%；二级管控区面积为 2745.69 km^2，占全市面积的 16.22%。海域生态红线区域总面积为 389.54 km^2，其中，一级管控区面积为 0 km^2，二级管控区面积为 389.54 km^2。

9.2.4　海岸带生态红线管制措施

　　生态红线区域实行分级管理，划分为一级管控区和二级管控区。一级管控区是生态红线的核心，实行最严格的管控措施，严禁一切形式的开发建设活动；二级管控区以生态保护为重点，实行差别化的管控措施，严禁有损主导生态功能的开发建设活动。在对生态红线区域进行分级管理的基础上，按 14 种不同类型实施分类管理。若同一生态红线区域兼具两种以上类别，按最严格的要求落实监管措施。

1. 自然保护区管控

　　自然保护区的核心区和缓冲区为一级管控区，实验区为二级管控区；未做总体规划或未进行功能分区的，全部为一级管控区。一级管控区内严禁一切形式的开发建设活动。二级管控区内禁止砍伐、放牧、狩猎、捕捞、采药、开垦、烧荒、开矿、采石、捞沙等活动（法律、行政法规另有规定的从其规定）；严禁开设与自然保护区保护方向不一致的参观、旅游项目；不得建设污染环境、破坏资源或者景观的生产设施；建设其他项目，其污染物排放不得超过国家和地方规定的污染物排放标准；已经建成的设施，其污染物排放超过国家和地方规定的排放标准的，应当限期治理；造成损害的，必须采取补救措施。

2. 风景名胜区管控

风景名胜区总体规划划定的核心景区为一级管控区，其余区域为二级管控区。一级管控区内严禁一切形式的开发建设活动。二级管控区内禁止开山、采石、开矿、开荒、修坟立碑等破坏景观、植被和地形地貌的活动；禁止修建储存爆炸性、易燃性、放射性、毒害性、腐蚀性物品的设施；禁止在景物或者设施上刻划、涂污；禁止乱扔垃圾；不得建设破坏景观、污染环境、妨碍游览的设施；在珍贵景物周围和重要景点上，除必需的保护设施外，不得增建其他工程设施；风景名胜区内已建的设施，由当地人民政府进行清理，区别情况，分别对待；凡属污染环境、破坏景观和自然风貌、严重妨碍游览活动的，应当限期治理或者逐步迁出；迁出前，不得扩建、新建设施。

3. 森林公园管控

森林公园中划定的生态保护区为一级管控区，其余区域为二级管控区。一级管控区内严禁一切形式的开发建设活动。二级管控区内禁止毁林开垦和毁林采石、采砂、采土及其他毁林行为；采伐森林公园的林木，必须遵守有关林业法规、经营方案和技术规程的规定；森林公园的设施和景点建设，必须按照总体规划设计进行；在珍贵景物、重要景点和核心景区，除必要的保护和附属设施外，不得建设宾馆、招待所、疗养院和其他工程设施。

4. 地质遗迹保护区管控

地质遗迹保护区内具有极为罕见和重要科学价值的地质遗迹为一级管控区，其余区域为二级管控区。一级管控区内严禁一切形式的开发建设活动。二级管控区内禁止下列行为：在保护区内及可能对地质遗迹造成影响的一定范围内进行采石、取土、开矿、放牧、砍伐，以及其他对保护对象有损害的活动；未经管理机构批准，在保护区范围内采集标本和化石；在保护区内修建与地质遗迹保护无关的厂房或其他建筑设施。对已建成并可能对地质遗迹造成污染或破坏的设施，应限期治理或停业外迁。

5. 湿地公园管控

湿地公园内生态系统良好，规划为湿地保育和恢复重建区的区域为一级管控区，其余区域为二级管控区。一级管控区内严禁一切形式的开发建设活动。二级管控区内除国家另有规定外，禁止下列行为：开（围）垦湿地、开矿、采石、取土、修坟及生产性放牧等；从事房地产、度假村、高尔夫球场等任何不符合主体功能定位的建设项目和开发活动；商品性采伐林木；猎捕鸟类和捡拾鸟卵等行为。

6. 饮用水水源保护区管控

饮用水水源保护区的一级保护区为一级管控区，二级保护区为二级管控区。准保护区也可划为二级管控区。一级管控区内严禁一切形式的开发建设活动。二级管控区内禁止下列行为：新建、扩建排放含持久性有机污染物和含汞、镉、铅、砷、硫、铬、氰化物等污染物的建设项目；新建、扩建化学制浆造纸、制革、电镀、印制线路板、印染、染料、炼油、炼焦、农药、石棉、水泥、玻璃、冶炼等建设项目；江苏省人民政府公布的有机毒物控制名录中确定的污染物；建设高尔夫球场、废物回收（加工）场和有毒有害物品仓库、堆栈，或者设置煤场、灰场、垃圾填埋场；新建、扩建对水体污染严重的其他建设项目，或者从事法律、法规禁止的其他活动；设置排污口；从事危险化学品装卸作业或者煤炭、矿砂、水泥等散货装卸作业；设置水上餐饮、娱乐设施（场所），从事船舶、机动车等修造、拆解作业，或者在水域内采砂、取土；围垦河道和滩地，从事围网、网箱养殖，或者设置集中式畜禽饲养场、屠宰场；新建、改建、扩建排放污染物的其他建设项目，或者从事法律、法规禁止的其他活动。在饮用水水源二级保护区内从事旅游等经营活动的，应当采取措施防止污染饮用水水体。

7. 海洋特别保护区管控

海洋特别保护区内的珍稀濒危物种自然分布区、典型生态系统集中分布区和其他生态敏感脆弱区或生态修复区，以及特殊海洋生态景观、历史文化遗迹、独特地质地貌景观等为一级管控区，其余区域为二级管控区。一级管控区内严禁一切形式的开发建设活动。二级管控区内禁止进行下列活动：狩猎、采拾鸟卵；砍伐红树林、采挖珊瑚和破坏珊瑚礁；炸鱼、毒鱼、电鱼；直接向海域排放污染物；擅自采集、加工、销售野生动植物及矿物质制品；移动、污损和破坏海洋特别保护区设施。

8. 洪水调蓄区管控

洪水调蓄区为二级管控区。洪水调蓄区内禁止建设妨碍行洪的建筑物、构筑物，倾倒垃圾、渣土，从事影响河势稳定、危害河岸堤防安全和其他妨碍河道行洪的活动；禁止在行洪河道内种植阻碍行洪的林木和高秆作物；在船舶航行可能危及堤岸安全的河段，应当限定航速。

9. 重要水源涵养区管控

重要水源涵养区内生态系统良好、生物多样性丰富、有直接汇水作用的林草地和重要水体为一级管控区，其余区域为二级管控区。一级管控区内严禁一切形式的开发建设活动。二级管控区内禁止新建有损涵养水源功能和污染水体的项目；未经许可，不得进行露天采矿、筑坟、建墓地、开垦、采石、挖砂和取土活动；已有的企业和建设项目，必须符合有关规定，不得对生态环境造成破坏。

10. 重要渔业水域管控

国家级水产种质资源保护区核心区为一级管控区，其他渔业水域为二级管控区。一级管控区内严禁一切形式的开发建设活动。二级管控区内禁止使用严重杀伤渔业资源的渔具和捕捞方法捕捞；禁止在行洪、排涝、送水河道和渠道内设置影响行水的渔罾、鱼簖等捕鱼设施；禁止在航道内设置碍航渔具；因水工建设、疏航、勘探、兴建锚地、爆破、排污、倾废等行为对渔业资源造成损失的，应当予以赔偿；对渔业生态环境造成损害的，应当采取补救措施，并依法予以补偿，对依法从事渔业生产的单位或者个人造成损失的，应当承担赔偿责任。

11. 重要湿地管控

重要湿地内生态系统良好、野生生物繁殖区及栖息地等生物多样性富集区为一级管控区，其余区域为二级管控区。一级管控区内严禁一切形式的开发建设活动。二级管控区内除法律法规有特别规定外，禁止从事下列活动：开（围）垦湿地、放牧、捕捞；填埋、排干湿地或者擅自改变湿地用途；取用或者截断湿地水源；挖砂、取土、开矿；排放生活污水、工业废水；破坏野生动物栖息地、鱼类洄游通道，采挖野生植物或者猎捕野生动物；引进外来物种；其他破坏湿地及其生态功能的活动。

12. 清水通道维护区管控

清水通道维护区划为一级管控区和二级管控区。一级管控区内严禁一切形式的开发建设活动。二级管控区内未经许可禁止下列活动：排放污水、倾倒工业废渣、垃圾、粪便及其他废弃物；从事网箱、网围渔业养殖；使用不符合国家规定防污条件的运载工具；新建、扩建可能污染水环境的设施和项目，已建成的设施和项目，其污染物排放超过国家和地方规定排放标准的，应当限期治理或搬迁。沿岸港口建设必须严格按照江苏省人民政府批复的规划进行，污染防治、风险防范、事故应急等环保措施必须达到相关要求。

13. 生态公益林管控

国家级、省级生态公益林中的天然林为一级管控区，其余区域为二级管控区。一级管控区内严禁一切形式的开发建设活动。二级管控区内禁止从事下列活动：砍柴、采脂和狩猎；挖砂、取土和开山采石；野外用火；修建坟墓；排放污染物和堆放固体废物；其他破坏生态公益林资源的行为。

14. 特殊物种保护区管控

特殊物种保护区为二级管控区。特殊物种保护区内禁止新建、扩建对土壤、水体造成污染的项目；严格控制外界污染物和污染水源的流入；开发建设活动不得对种质资源造成损害；严格控制外来物种的引入。

9.3　江苏沿海土地生态化管控

9.3.1　土地利用生态化管控原理

土地利用生态化管控，是指基于人地协调理念，以维护土地生态系统结构和功能的健康与稳定为前提，以促进社会经济与生态环境的协调发展、实现土地资源的可持续利用和提升土地系统生态服务功能为目标，利用技术、行政、经济和法律等手段对土地利用进行生态化管理和调控的综合性活动。其主要内涵包括：①社会经济的发展不以牺牲土地生态环境为代价，应该在土地生态承载力和环境容量允许阈值范围内开展各类土地开发利用活动；②对维持区域土地生态平衡、以发挥自然生态系统服务功能为主的地类，应该禁止或限制开发；③土地是复杂的生态经济复合系统，必须秉持人地协调的基本理念，在系统论、控制论和综合生态系统管理论等理论的指导下，综合利用技术、行政、经济和法律等手段对土地开发利用活动进行管理与调控。总之，区域土地利用生态管控是以土地生态系统结构和功能分析为基础，通过生态评价和生态规划，划定土地利用生态红线，构建土地利用生态安全格局，并辅以相应行政、经济和法律配套措施的实施，以达到管理和调控的目的。

9.3.2　土地生态演化过程管控

1. 加强沿海防护林建设，建立生态功能保护区

加快建设云台山森林保护区、射阳林场、大丰林场、东台林场及沿海防护林

等，在海堤及滩涂地区建设生态林和经济林带，形成沿海自然生态防护屏障；在新沭河、新沂河、苏北灌溉总渠、黄沙港、斗龙港、王港河、通启运河等主要河流两侧和水源保护区建设生态林带，提高沿海地区森林覆盖率，改善生态环境。在城镇和产业密集区周围，要留有开敞式的绿色生态空间，建设生态隔离带或生态廊道。在 G204、沿海高速公路、沿海铁路等交通主干道两侧建设防护隔离林带。在临港产业集中区周边形成生态隔离区，隔离区内限制发展海洋渔业、农牧业等产业。建立黄河故道、长江口北支湿地等重要湿地生态功能保护区，加强临洪河等重要入海河口湿地和大纵湖、九龙口、马家荡、里下河等内陆湖荡湿地、长江沿岸湿地以及潮间带、潮下带湿地的保护。

重点实施江苏盐城湿地珍禽国家级自然保护区、江苏省大丰麋鹿国家级自然保护区、启东长江口（北支）湿地省级自然保护区、连云港云台山省级自然保护区等一批自然保护区规范化建设与管护，以及盐城市湿地生态恢复系统等生态功能保护区工程。建立重要生态功能保护区管理信息系统，实施严格管理，保护区内禁止一切导致生态退化的开发活动和人为破坏活动。

针对不同环境功能定位，制定差别化用地调控政策；建立生态功能保护区，按照生态保护重点区域的保护要求，支持沿海区域生态治理重点工程建设，保障生态安全。生态敏感区集中的区域，生态敏感度强，必须强化自然保护区建设和重要湿地、饮用水源地保护，国家自然保护区、湿地和入海河口闸下港道等区域严格按照有关规定禁止开发围垦，稳步提升林业用地；必须科学规划，合理确定围垦区内农业空间、生态空间和建设用地空间的比例。实施严格的环境保护政策，严把环境准入门槛，强化水土流失、工业污染、生活污染和面源污染治理，切实加强环境监管。

2. 科学有序安排围垦，防止沿海滩涂湿地的破坏

在保护生态环境的前提下，合理确定土地开发的用途和规模，因地制宜、有计划、有步骤地推进土地后备资源开发利用。合理适度地综合开发利用滩涂资源，划定和实施沿海重大围垦工程。围填海域滩涂要依法科学进行，优先用于发展现代农业、耕地占补平衡和生态保护与建设，适度用于临港产业发展。生态敏感和脆弱区，应禁止各类不当土地开发利用行为，切实维持乃至提高其生态系统稳定性。

针对沿海滩涂地貌与动力特征及其冲淤特性，在考虑滩涂围垦与湿地保护尤其是自然保护区与河口湿地保护基础上，注重保护现有沿海港口、深水航道资源，满足未来深水港口及产业、城镇发展需求，确定围区布局和规模。以高滩围垦为主：尊重滩涂演变自然规律，边滩围垦起围高程原则上控制在理论最低潮面以上 2 m，沙洲围垦和港区围填海起围高程可根据实际情况适当降低。保护

和形成港口资源：既要稳定现有深水航道，保护沿海现有港口资源，又要通过围垦积极增加深水岸线资源，创造建设深水海港的新条件。维持潮流通道畅通：近岸面积较大滩涂和辐射沙洲的围垦，总体上不应改变海洋动力系统格局，预留足够的汇潮通道，保障两大潮波交会畅通，努力使沙洲变得更高、港槽变得更深。注重生态保护：结合国家和省级自然保护区及河口治导线的要求，在珍禽自然保护区的核心区和缓冲区及麋鹿保护区向海一侧不进行围垦，原则上不在河口治导线范围内布局围区；边滩匡围采用齿轮状布局，增加海岸线长度，有效地保护海洋生态。

科学有序推进南通市的方塘河口—新北凌河口（海安）、新北凌河口—小洋口、小洋口—掘苴口、掘苴口—东凌港口等边滩垦区，盐城市的小东港口—新滩港口、双洋港口—运粮河口、运粮河口—射阳河口等边滩垦区，以及东沙和高泥沙洲垦区的围垦工作。依托连云港、盐城、南通市现有产业基础和比较优势，围绕港口建设、特色产业发展和海涂资源利用，建立区域产业分工体系，把围区建成新型港口工业区、现代农业基地、新能源基地、生态休闲旅游区和宜居的滨海新城镇，形成以现代农业为基础、先进制造业为主体、生产性服务业为支撑的产业协调发展新格局。

依法开展滩涂围垦开发环境影响评价，充分考虑沿海滩涂淤长、演变规律和生态服务功能，分析论证滩涂围垦对生物多样性保护和湿地生态系统的影响，科学确定滩涂围垦规模和范围。积极探索高效、节约的滩涂资源利用模式。农业用地、生态用地、建设用地所占比例应分别控制在 60%、20%和 20%左右。重点保护辐射沙洲沙脊群、龙王河口羽状沙嘴、海岛海蚀海积地形、灌河口至翻身河口贝壳沙堤、连云港古祭葬群、连岛古石刻等典型的海洋地质地貌，避免有关开发行为对邻近的海洋地质地貌造成破坏。重点建设射阳、大丰、东台湿地与沼泽生态系统保护区，以及新沂河、新沭河入海湿地生态保护系统及长江口北支湿地生态保护区，避免海滨湿地与河口生态环境退化，并积极恢复被破坏的湿地生态系统。

3. 开展沿海低效盐田等土地综合整治

江苏沿海地区盐田多，开展盐田整治，有利于缓解耕地压力。对废弃盐田及不符合盐田综合开发利用总体规划的盐田进行复垦，此举可缓解耕地不足的压力。对盐田进行有计划、有序的规范开发利用，因地制宜开展土地整治，能提升土地节约集约利用水平、强化耕地保护。因此，复垦后发展农业生产具有良好的经济效益，通过挂钩置换等形式可形成大量的农用地转用指标，用于城镇建设和沿海开发战略，进一步扩展建设用地空间，为经济社会发展提供用地保障，促进经济发展。

　　建设项目选址必须贯彻不占或少占耕地和不影响耕地质量的原则,确需占用耕地和影响耕地质量的,应尽量占用等级较低的耕地,减少对耕地质量的影响。合理引导种植业内部结构调整,大力发展节水农业,鼓励发展高产高效设施农业,加强地力建设,提高农地质量,保证农业结构调整向不减少耕地或增加耕地的方向发展。各类防护林、绿化带等生态建设应尽量避免占用耕地,确需占用的,必须按照数量质量相当的原则履行补充耕地义务。切实落实国家生态退耕政策,凡不符合国家生态退耕规划和政策、未纳入生态退耕计划自行退耕的,限期恢复耕作条件或补充数量质量相当的耕地。加强耕地抗灾能力建设,减少自然灾害毁损耕地数量,有条件的地区应及时复垦灾毁耕地。各类非农建设确需占用耕地的,建设单位必须补充数量质量相当的耕地。在实施占用耕地补偿制度时,必须确保补充耕地的质量。加强对补充耕地质量等级的评定和查核,对补充耕地质量低于被占用耕地质量时,按照耕地地力等级折算增加补充耕地面积。

　　始终坚持把粮食生产摆在现代农业发展的重要位置,科学规划,合理布局,稳定提高粮食播种面积,优化品种结构,改善技术装备,提高单产水平,发展以节地、节水、节肥、节能为主要内容的资源节约型农业,使该地区成为江苏省最重要的粮食、棉花、油料的主产区,让沿海农业开发为江苏省乃至全国的粮食安全做出新的贡献。盐城的渠北农业区、里下河农业区,南通的江海农区、如海农区,连云港的中部平原农区重点突出优质水稻、专用小麦,中西部重点突出花生。南通重点发展如东、通州西部早熟晚粳稻区,海安里下河迟熟中粳稻区,优先发展沿海地区优质弱筋小麦生产,全力打造“双低油菜产业带”,突出双低油菜的综合利用,改善城乡居民的食用油品质,力争建成独具特色的国家级优质商品菜籽生产基地带和优质双低菜籽油开发中心。盐城粮食生产重点发展沿海、里下河和渠北三大优质粮食产业优势区,油料生产重点发展沿海和里下河两大优质油料产业优势区。连云港重点发展赣榆、东海、灌云、灌南等县区粮油产业,蔷薇河沿线、灌南河两岸优质大米,陇海线以北优质强筋小麦,赣榆、东海优质花生。苏北盐沼湿地重点发展耐盐油料作物。盐城市 G204 国道以东、苏北灌溉总渠以南、沿海滩涂以西的农业区,连云港市的沿海地区,南通市的如东垦区、启东、通州等区域重点发展杂交棉和高品质棉。

9.3.3　土地利用格局的生态管控

1. 统筹生产、生活和生态用地空间

　　强化国土规划的生态理念,实现生态红线、产业发展、低碳经济、生活宜居的有机统一。一是生态理念应作为国土规划的基本策略之一,以生态理念为基点,

建立区域生态网络，打造生态化城乡格局。建立区域性的生态网络空间，其主要包括林地、草地、滩涂、湿地和盐田等类型，强化土地生态服务功能定位和土地生态敏感度评价，清晰界定自然保护区如盐城珍禽和大丰麋鹿国家级自然保护区、水源保护区、海洋生态保护区、重要湿地、生态公益林及其他相关土地生态保护区等重要生态功能区的范围，推进滨海湿地海洋特殊保护区建设，明确保护要求，加强维护修复，维护生态系统稳定，确保区域生态安全。打造生态化城乡格局，加强与城市、农村、产业空间相衔接的生态廊道建设，规划永久性绿色开敞空间，提高生态空间布局的合理性。二是生态理念应作为产业发展的基本方向。以生态理念作为区域发展的培育新生产业群的出发点，打造生态产业集群。充分利用区域的生态资源优势，结合周边地区的人才与科技优势，全面促进江苏沿海地区生态产业如现代农业及加工业、生物材料技术产业、新能源产业的发展。三是生态理念应作为低碳经济的基本支撑。以生态理念作为盐城市打造低碳经济结构的支撑点，对区域内已有高能耗、高污染产业进行生态化升级，对区域内基础设施进行生态化建设，形成多层次的循环产业链。按照"减量化、再利用、资源化"的总体要求，大力推进节能、节水、节材、节地，加大资源回收利用，提高资源利用效率，从根本上降低资源的消耗，从源头上减少废弃物的产生，把江苏沿海地区建设成为重要的循环经济产业带。

2. 优化沿海用地结构和布局

控制建设用地不合理扩张，限制污染型企业用地，优化用地结构和布局，促进节约集约利用。立足资源环境禀赋，适度控制新增建设用地规模，适当地扩大用地发展空间，严格控制建设用地蔓延式扩张。加强沿海港口群、水利、交通和能源电网等重大基础设施建设，不断增强区域发展支撑能力。支持先进制造业和生产性服务业以及以风电和核电为主体的新能源产业发展，提高土地利用效率，加强总量调控和用途管制。在严格控制建设用地总量和新增建设用地规模的前提下，按照各类各行业用地准入标准，配置各业建设用地。鼓励建设用地的内涵挖潜，重点盘活存量用地，充分利用闲置和低效建设用地，切实提高用地效率。建立高标准土地集约利用评价指标体系，完善企业、园区、区域等多层次土地集约利用激励约束机制，促进经济快速增长与质量提升之间的良性互动。

根据江苏沿海开发和陆海统筹发展的总体战略，必须在主体功能分区、沿海土地利用功能分区和建设用地开发生态适宜性格局引导下，把城镇、工业、农村居民点、沿海港口、港区和港城建设与农业生产、生态保护等用地需求落实到国土空间，引导人口分布、产业发展、经济布局与土地综合承载能力相适应，促进空间均衡发展。确定建设重点，实现有序开发，既要防止城市建设用地过度扩张，又要为农村人口向城镇、港城集聚提供必要的空间。基于土地利用功能分区和建设用地开发生态适宜性格局，合理确定江苏沿海地区城镇、港城、产业发展导向与土地利用布局方式，优化土地资源的空间配置，统筹区域土地利用。通过制定差别化的区域土地利用政策，加强区域土地利用方向、结构和布局的控制和引导，优先保障港口、重点城镇、重要产业空间和重大基础设施等带动沿海发展的合理用地需求，保障农村居住空间，保障农业空间，提高土地利用组合优势和整体效率，促进区域协调发展。

第10章 海岸线资源管理经验及对策建议

10.1 国外海岸线的管理经验借鉴

10.1.1 荷兰海岸线管理经验

1. 海域和陆域的统筹管理

海域和陆域实行统一管理是荷兰空间规划的一大特色。荷兰的空间规划体系包括国家、区域和地方三个层面,具有自上而下的高度管制性,并以《空间规划法》等一系列法律法规作为保障。在国家层面,荷兰对海域和陆地国土进行统筹,高度重视陆海功能的衔接,并在陆域空间规划中明确了海岸带管理区的范围。

在海岸带管理区的空间管理上,荷兰更是对海域空间的活动做出了具体的指引。以北海为例,针对其海域的空间活动,国家管理部门提出以下任务:保护水上航道的顺畅和安全流动;保证海岸带三角洲计划的实施,保护基岩岸线;保护海洋生态系统和自然保护区;为军演创造空间;保证向海12海里的开阔视线;保证海底管线的输送功能;指定采砂和补砂的空间范围;指定风电、石油等能源的开采空间;保护考古价值等。

在海岸带管理区的空间规划上,不仅要求在保障沿岸安全的情况下创造岸线的丰富性和可持续性,保护和发展海岸生态、游憩、商业捕鱼、港口及航运等相关产业,还提出次级海岸计划的重点是为海岸线和其他产业发展创造长期、安全的策略环境。

2. "双线平衡"的管理模式

"双线平衡"的管理模式是处理保护和发展矛盾的有效手段之一。以南荷兰省为例,其空间共划分为以下几种类型:城市网络、绿色结构、城市绿心、三角洲地区、海岸带区域、绿色港口和主要港口等,每种空间类型下包含多种用地小类,且各个空间类型间的用地小类并不是孤立的,彼此间存在交叉融合。

海岸带区域分布有城乡、港口和滩涂等,对于这些用地小类,荷兰在不同空间依据对应的政策加以管制。为了保存生态空间和农用地,促进城镇化的集中发展,荷兰的海岸带区域规划通过红线和绿线予以规范。其中,红线内的城市应紧凑发展,新建建筑必须在红线内;而绿线围绕乡村划定,禁止在绿线内进行开发;

红线、绿线之间的平衡区则允许以改善性质为目的的小规模村庄开发。通过红线、绿线和平衡区的引导，除了保证海岸带空间的有序开发之外，也保证了城乡空间的差异性和多样性，并提高了环境质量。

3. 海岸带区域土地的定制化管理

荷兰的三级政府都有一定程度的自治权，但彼此并不会采取互相矛盾的行动。在荷兰的整个规划体系中，只有地方土地利用规划具有法律强制性，故地方层面可以在上层次规划指导下开展结构规划和土地利用规划。荷兰并没有全国统一的土地分类标准，对地方海岸带区域的土地利用规划必须覆盖的范围大小也没有规定。因此，市镇可以根据海岸带区域每一块土地具体的使用情况拟定土地用途和应遵守的规则。这些地块可以是单一功能，也可以是多种功能的混合，由此增加了海陆空间布局的灵活性。除了土地用途外，还需附加使用规则，如体量、高度及建筑密度等具体控制内容。

10.1.2　日本海岸线管理经验

1. 开发管理分区

为保护公共海岸，日本对海岸带实行分区管理，即将海岸带划分为海岸保全区、一般公共海岸和其他海岸区分别进行管理。

在管理部门方面，日本有多个部门参与海岸带管理，但各自管辖的范围十分明确。其中，海洋国土开发和海岸带利用计划由国土交通省负责，其职责范围涵盖河川、海洋、都市、住宅、道路和港湾等方面，在一定程度上有利于统筹和协调。此外，农林水产省、环境厅等多个部门也涉及岸线的管理。对于海岸保全区，根据用海方式进行细分，形成港湾区、渔港区和临港区。其中，渔港区由农林水产省的相关部门管理，而港湾区和临港区则由国土交通省下设的河川局与港湾局管理。通过明确的分区，各个部门的管辖范围一目了然。在适用法律方面，海岸保全区和一般公共海岸是《海岸法》的管理对象，而其他海岸带区域由《港湾法》和《渔业管理法》等法规来管理。

2. 开发利用分区

日本对海岸的保护与利用主要通过制定保全计划实现。保全计划一般内容为加强岸线防护，减少来自海水和岸线侵蚀的危害，并在安全用海的前提下促进海岸带的开发利用。以《大阪湾沿岸海岸保全基本计划》（2002 年）为例，该计划依据沿岸的自然特性、社会特性和岸线的连续统一性，将大阪湾海岸线划分为 3 个分区，即环境保全亲近区、环境创造期待区及环境创造活化区。3 个分区的功能不同，沿岸的建设方针也有所差别。此外，在 3 个分区的基础上，又将大阪湾沿岸市町村划分为 21 个区段，并根据各个区段的自然、社会等具体特征制定深入的开发利用策略。

10.1.3　美国海岸线管理经验

1. 海岸带用地分类

美国对于海岸带的土地利用有多种方式，较为典型的为按照功能划分和按照海陆性质划分两类。

加利福尼亚州奥兰治县的纽波特比奇（Newport Beach）就是按照功能划分的代表。该市拥有 21 mile²[①]的海湾面积和 9000 多英尺[②]的海岸线，城市 47% 的土地处在海岸带范围内，是居住、商业和文化娱乐胜地。由于城市高饱和开发，地方政府开始制定区划，在容纳持续增长人口的同时维持城市环境品质。例如，根据使用功能将用地划分为 7 个大类，包括居住区、商业区、商务办公区、工业区、空港区、混合功能区、公共（半公共）空间和机构。值得注意的是，区划为了突出对海洋的依赖性，根据位置和商住特点对混合功能区中的滨水混合区进行了再分类。这种做法促进了居住、商业和办公功能的融合，在一定程度上弥补了传统区划滨水土地分类功能过于单一导致的功能分化、职住分离等缺陷。

加利福尼亚州圣塔芭芭拉市（Santa Barbara）则是按照海陆性质划分的代表。该市的陆域用地分为两级：第一层级根据土地使用功能划分为农业区、居住区、商业区、工业区、特别意图区和其他地区等类型；第二层级则根据土地使用的具体类型和控制要点将第一层级细分为若干小类，如工业区进一步细分为工业研究园、轻工业区、一般工业区、海洋相关工业区和濒水工业区；特别意图区则包含混合用途等类型区域。而对于海岸带区域的用地分类则延续了陆地分类标准，并针对海岸带使用特点和环境影响对分类进行了精简，如工业区只保留了工业研究园、濒水工业区和海洋相关工业区，其他地区类型中则新增了资源管理用地和交通走廊。

2. 土地兼容矩阵

圣塔芭芭拉市在土地利用和开发条例中还制定了土地使用兼容矩阵表，对土地的兼容使用情况做出明确规定。

在每套土地使用兼容矩阵表中，土地的使用条件分为允许使用且无须许可、需土地使用许可或海岸许可才可利用、需有条件使用许可才可利用、需有次要条件使

---

① 1 mile² = 2.59 km²。
② 1 英尺 = 0.3048 m。

用许可才可利用、需依照特殊用途条款才可利用和不允许使用六大类。与一般仅划分为兼容、有条件兼容和冲突三种类型的做法相比，圣塔芭芭拉市的土地兼容矩阵表更为细致合理，更便于实施。

该矩阵表规定了每类用地可以兼容的用地类型或活动，同时为了便于评估开发活动对海岸带的影响，该矩阵表中额外增加了海岸带用地类型。在资源保护区矩阵表中，用地类型包括 Toro Canyon 山区的海岸带及资源管理区的海岸带，海岸带区域和各类土地用途都具有不同程度的兼容性。

此外，所有的土地开发活动需依照矩阵表得到准许后进行，一般情况下，不在矩阵表中的开发行为是不被允许的。整个资源保护区不可开发工业用途，且旅馆业和风力发电等开发活动在海岸带区域（CZ）是被禁止的，水产养殖在资源管理区（RMZ）的海岸带附近可以通过有条件使用许可获得开发权利，而动物保护区则需依照特别条例展开活动。

10.2　沿海滩涂生态健康管理与改善对策

10.2.1　滩涂开发利用的管理与经营模式选择

在未来的滩涂开发过程中，应逐步把政府行为变为企业行为，把无偿使用改为有偿使用，实行滚动开发。逐步改变长期沿袭的"政府投资，移民垦殖，无偿使用资金和土地，投资与收益分离"的模式，走出了一条"多元化投资、企业化经营、有偿使用、共同收益、流动开发"的新路子。

1. 公司加农户（承包户）型

这一模式主要适用于以粮棉为主要经营对象的生产经营单位，射阳港农牧渔业总公司就是采用这一模式的。其具体做法是，明确滩涂所有权，集中搞活使用权，招标开发经营，择优选择承包经营者，鼓励独资承包，成片开发，实施规模经营。参与基础开发的单位或农户有优先承包权。公司以农田水利化、农业机械化、生产专业化为重点，建立健全农业生产经营的产前、产中、产后服务体系，为实施农业规模经营提供物质和技术保障。公司作为联系大市场与承包户的中介。由公司（或企业化农场）有偿向承包户提供种苗、化肥、农药、技术和信息服务，承包户自行决定农产品产销，价格随行就市，也可由专业生产承包户按内部合同商定的价格，按时、按质、按量向公司交售产品，承包户与公司风险共担，利益均沾，即采用"集约化经营、企业（农场）化管理、机械化作业、社会化服务、大户承包经营"办法。

2. 滩涂农业产业股份公司型

采取实业兴滩，发展"龙"型经济，采用这一模式的有如东市的海生（集团）公司、启东市黄海滩涂开发有限公司等开发经营单位。这一模式适用于走基地开发建设路子的单位，如搞特种水产养殖基地、绿色食品、海洋食品基地、"菜篮子"基地建设的经营单位。它一般都有主导产业或龙头产品，运作上按市场牵龙头、龙头带基地、基地联农户的形式，优化组合生产要素，围绕滩涂特色产业或产品发展规模生产，通过股份或股份合作公司的形式跨行业吸引相关的贸易资本和工业资本，由集体控股，职工配股，法人、外资、社会参股，使第二、第三产业资本向上游——农业户产业延伸，通过资金纽带拉长产业链，种养加销立体交叉，资源共享，优势互补。把贸易、工业、农业有机结合起来，使贸工农在一个企业组织内互补，由以前的生产联合变为要素联合，契约纽带变为资金纽带，形成"捆绑式"发展的新局面，逐渐建立农业的自我补偿机制，为滩涂农业的滚动发展、持续发展积累资金、技术和管理经验。

10.2.2　沿海滩涂资源生态健康改善的对策

通过对沿海滩涂资源生态系统健康状况进行综合性的评价与生态风险因子的分析，可以看出大丰区生态安全状况相对较差区域位于滩涂围垦、滩涂变化、工业园区、路网分布、重金属含量较高及植被稀少等诸多指标要素集中的地域。生态安全状况较好的区域位于受人类经济活动影响较少且生态系统稳定的近海农田。总体上研究区内的生态安全状况是从沿海向内陆逐渐改善、从工业园区向远离工业园区逐渐改善。生态安全状况较好与较差的区域出现了相对集中的现象。

大丰区核心示范区生态安全状况相对较差的区域主要位于滩涂湿地资源开发利用程度比较高的区域，尤其是大丰港的建成及港口经济开发区的开发对生态系统的健康构成比较大的威胁。因此鉴于大丰区当前的生态安全状况及风险因子分析，对于该区域生态健康状况提出以下几点建议。

（1）重点区域重点治理。由于区域内生态安全较好与较差的区域出现了相对集中的现象，因此针对生态安全比较差的东部采取重点治理和改善，东部区域受工业化发展的影响比较大，同时靠近黄海，海水作用及盐碱地也会影响该区域生态健康状况。

（2）针对主要影响因子进行治理。对于示范区内生态健康不安全区域，主要影响因素为工业发展及人口与经济发展带来的生态健康威胁。大丰港的建成及港口经济开发区的开发对生态系统的健康都会造成一定的影响，因此对于这些区域不可只重视工业的发展，也要重视绿化建设和生态建设。对于该区域可以采取高生态阻力的采矿用地、建设用地、交通用地邻近地带配置草地、园地、林地等景观类型；紧邻沿海滩涂，依据养殖水塘邻近周边的土壤特性，配置低成本、高成效的耐盐植物和防护作用的林地，阻挡污染物排入沿海滩涂；在农地周边配置林地和草地；针对盐碱地选择耐盐经济作物，如沙棘、枸杞、酸枣等，进行生态脱盐。

（3）工业和经济开发的区域不可过多和过于集中。引进过多的工业和污染环境的企业，将增加该区域的大气和水污染，对植被和滩涂湿地也会造成一定的破坏，可能会超出该区域环境与生态的承受能力，对生态造成不可逆转的破坏。

（4）因地制宜、合理地开发利用。对于开发的区域要因地制宜、合理地开发利用，对于适合农业开发的区域进行农业开发；对于适合渔业养殖的区域进行渔业的发展；对于盐碱含量比较高的区域，多种植耐盐植物和作物，进行生态脱盐；对于生态需要特别保护不适合开发的区域就不要开发。

（5）借助3S（GIS、RS、GPS）技术，对该区域的生态健康状况进行动态监测。利用3S技术对该地区的生态健康状况进行快速、大范围的动态监测，对于生态健康受到严重威胁的区域可以及时地采取措施进行保护和治理。

10.3　海岸带土地生态化管控制度创新

10.3.1　耕地保护的制度创新

1. 强化耕地保护的用途管制制度

根据适宜性评价确定土地用途，适宜用作耕地的土地不得随意调整。划成基本农田的优质耕地要给予永久保护，任何单位和个人未经批准不得改变或者占用，做到数量不减少、用途不改变，质量有提升。城乡建设确需要占用耕地，经批准，应多方案比较，尽可能避让高等级耕地。

2. 切实提高补充耕地等级

一是强化补充耕地项目管理，完善项目立项、设计、实施、验收等一系列规章制度，核心是高标准设计和高质量建设。二是大力推行建设占用耕地的耕作层土壤剥离与利用，改良新造耕地土壤条件。三是建立补充耕地后期管护制度，与财政部门协商从制度层面落实后期管护补助资金和工程维护等；与农业部门协商开展项目后期的地力培肥、用地养地、指导农业生产等，同时防止耕地撂荒。

3. 加强耕地保护的监管制度

一是依据耕地分等定级技术规范和标准,严格土地整治新增耕地质量评定和验收,用于占补平衡时应选择与占用耕地等级接近的补充耕地项目。二是各级土地整治规划应按照耕地产能提升潜力大小,合理确定农田整治的重点区域;项目管理要实现按等级设计、按等级实施、按等级考核,确保整治后耕地质量等级和产能的提升。三是在征地中应根据征收不同等级的耕地,形成比选方案,经论证后,确定科学合理的征地方案。四是充分运用第二次全国土地调查土地利用"一张图"成果和部、省"批、供、用、补、查"监管平台,对补充耕地的位置、范围、地类等进行核实,实现日常监管。

4. 完善耕地保护的约束激励机制

一是将耕地质量等级和产能变化情况纳入每年对各级政府耕地保护责任目标考核中,建立耕地质量保护奖惩制度。二是在耕地保护与建设相关税费的制定与分配中,将耕地质量等级作为测算依据之一,使相关税费的制定和分配更加科学、合理。

10.3.2　生态环境保护的制度创新

有效保障生态保护红线不被逾越,确保生态红线切实起到保护生态环境的作用,必须从制度、体制和机制入手,建立严格遵行生态保护红线的基础性和根本性保障。

1. 建立健全生态补偿机制

20 世纪 90 年代前期,生态补偿通常是生态环境加害者付出赔偿的代名词;而 90 年代后期以来,生态补偿则更多地指对生态环境保护、建设者的一种利益驱动机制、激励机制和协调机制。到今天,生态补偿已经不是单纯意义上对环境负面影响的一种补偿,也包括对环境正面效益的补偿。

研究认为生态补偿机制作用的发挥,需要解决三个基本问题:谁补偿谁,补偿多少,如何筹集补偿资金。首先,进行生态资源产权界定,使其明晰化和规范化,尝试将生态资源纳入国民经济核算体系,从而解决"谁补偿谁"的问题;其次,完善对生态资源价值的评估方法,从而使得生态补偿的额度有明确的依据,常用的方法有效果评价法、收益损失法、旅行费用法等;最后,政府可以征收生态补偿费和生态补偿税,建立生态补偿基金,同时可以学习美国的生态补偿保证金制度,同时积极探索进入市场机制解决生态补偿资金来源的问题。

2. 建立生态红线保护数据库

加快建立江苏省生态红线保护数据库，实现生态保护从逻辑层面到物理层面的无缝对接。生态红线保护数据库包括空间数据库和属性数据库。空间数据库包括《江苏省生态红线区域保护规划》中所划定的 15 种生态红线区域类型的地理位置、面积等空间信息。属性数据库包括这 15 种生态红线区域类型的基本属性信息，包括红线区域名称、主导生态功能、红线区域范围（一级管控区、二级管控区）。加强数据库平台建设，使其成为具有时效性的动态数据库和开放式的数据库，并定期向社会发布数据库的相关信息。同时，构建符合中国实际情况的生态补偿机制，总体框架见表 10.1，该表从补偿范围、补偿类型、补偿内容、补偿方式等方面对其进行了详细说明。

表 10.1　中国生态补偿机制总体框架

补偿范围	补偿类型	补偿内容	补偿方式
国际补偿	全球、区域和国家之间的生态和环境问题	全球森林和生物多样性保护、污染转移、温室气体排放、跨界河流等	多边协议下的全球购买；区域或双边协议下的补偿；全球、区域和国家之间的市场交易
国内补偿	区域补偿	东部地区对西部的补偿	财政转移支付；地方政府协调；市场交易
	流域补偿	跨省界流域的补偿；地方行政辖区的流域补偿等	财政转移支付；地方政府协调；市场交易
	生态系统补偿	森林、草地、湿地、海洋、农田等生态系统提供的服务	国家（公共）补偿财政转移支付；生态补偿基金；市场交易；企业与个人参与
	资源开发补偿	矿业开发、土地复垦；植被修复等	受益者付费；破坏者负担；开发者负担

3. 完善生态红线保护的信息反馈机制

完善生态红线制度，需要不断完善生态红线保护的信息反馈机制。解决信息渠道过于单一的问题，需要从制度层面进行设计。从政府层面来讲，积极举办"生态日""地球日"等活动，强化正面宣传，主动引导舆论，提高人们关注生态保护的意识；同时开通生态红线保护政务微博，加强网络信息发布，拓宽公众参与的渠道。在生态红线动态监测和信息反馈机制建设方面，探索市场化机制和激励制度，从而提高公众参与积极性，使生态红线制度真正发挥作用。

10.3.3　控制开发强度的制度创新

1. 建立低效用地退出机制

实施最严格的节约集约用地制度，发挥土地开发强度与单位 GDP 建设用地下降率双重控制作用，建立低效用地退出机制。一是发挥区域合理土地开发强度与单位 GDP 建设用地下降率双重控制作用，不仅应对开发强度高、耗地率高的地区，而且也应对开发强度低、耗地率高和开发强度高、耗地率低的地区加强建设用地调控管理，对土地开发深度和广度比不足 1 的地区，减少用地计划指标分配；二是强化土地开发强度的空间、规模、结构全内涵管理，将土地开发强度管理纳入土地节约集约利用示范方案，积极引导低效用地退出机制；三是加强城乡建设用地综合整治，尤其是更加注重对城镇低效用地整治，进一步优化城乡建设用地格局。

2. 形成多规协同的"红线"管控机制

一是依托《江苏省土地利用总体规划》，以合理土地开发强度为基础，积极对接《江苏省生态红线区域保护规划》和《江苏省城镇体系规划》（2015—2030 年）等相关规划，实现"多规"协同，严格建设用地规模、布局、时序、效益管理；二是强化国土开发空间管制，形成"基本农田保护控制线""生态控制线""城市发展边界"相衔接的三条红线管控机制；三是将合理土地开发强度实施纳入生态补偿体系，通过建立土地基金，对合理土地开发强度低于全省平均水平的地区给予生态补偿，以推进区域均衡发展。

3. 完善区域合理土地开发强度考核与评估制度

完善区域合理土地开发强度考核与评估制度，引导国土开发空间优化布局。一是在现有研究成果的基础上，进一步完善江苏省合理土地开发度测算；二是制订江苏省合理土地开发强度测算技术规范，以便指导各地级市开展对所辖区、市、县的合理土地开发强度测算；三是制订、形成区域合理土地开发强度考核与评估制度，强化合理土地开发强度的调控意识。

10.4　江苏海岸带利用与保护的对策建议

改革开放 40 多年来，江苏通过实施"海上苏东""沿海开发"等重要战略决策，沿海地区经济取得了长足发展，综合实力明显增强，取得了令人瞩目的成就。但从总体上看，如前所述，无论是在经济发展水平、经济结构层次及比较优势发挥上，还是在环境保护、资源利用上，都还存在诸多问题，实现海岸带可持续发展势在必行、刻不容缓。

10.4.1　科学布局新建化工园区，整治现有园区

目前部分重点涉污化工企业已经搬入沿海化工园区统一管理，但仍存在小

型化工产业分散在人口聚集地或生态敏感区附近，对环境造成不利影响。对于新建化工园区，建议从生态环境安全、环境资源承载力角度进行分析，针对沿海化工企业研究制订选址、产业规划和准入条件等相关环境管理政策，优化利用土地资源，保护沿海岸线敏感性，将环境相容性作为强制性规划要求，科学布局新建化工园区，同时开展现有园区的综合回顾评价，推进园区清理整顿。针对各市沿海岸线情况，查找环境安全隐患与生态敏感区，主要包括城乡规划布局、饮用水源、生态风险区、化学品生产与储存、危险品的运输及管道铺设等基础设施布局存在的环境安全隐患和生态风险隐患，组织地方政府及化工园进行自查，对生态敏感区和人口密集区的涉危涉化企业进行产业升级改造和转移。

　　统筹推行绿色化工产业，废弃物资源化。江苏沿海化工区建立上、下游产业链，保证在生产化工产品的过程中，对生产过程进行优化集成，从工艺源头上运用环保的理念，充分利用园区优势进行统筹，对废物进行资源化与再利用，降低化工产业的成本与消耗，同时减少废弃物的排放和产品在生命周期中对环境的污染。政府鼓励发展完善绿色化工技术，将通过"变废为宝"做到"清洁生产"，资源利用一体化，使沿海化工园区实现循环经济，减少对环境的危害。

10.4.2　协调产业布局沿海关系，设置缓冲空间

　　沿海港口是发展海洋经济的重要依托，是推动海洋经济大发展的重要突破口。应当将海港建设置于更加突出的位置，以港口建设为龙头，推动沿海地区基础设施水平迈上新台阶。从江苏沿海开发全局看，近期宜以南、北两翼开发为重点。南翼以洋口港为核心，整合吕四港，配合"江海联动"战略，在南通海岸构建长江三角洲北翼国际性组合港；北翼以做大做强连云港港口为核心，整合灌河口诸港、滨海港、射阳港和大丰港，配合沿东陇海产业带建设，与长江三角洲开发和环渤海开发相呼应，通过建设连云港港口群带动沿海开发的整体突破。海港建设的一个重要目的就是依托港口大力发展临港产业，尤其是重化工业。应当从全省经济结构调整的战略大局出发，将基础产业重大项目向沿海地区倾斜；同时，加强沿江基础产业带的调整，促进部分基础产业项目逐步向沿海地区转移，以争取更大的发展空间。

　　结合生态风险区、生态敏感岸线和人口密集区提出产业布局评价约束，在工业用地与三者之间设置一定的缓冲空间，减少沿海化工企业对环境敏感区的负面影响，降低风险，同时也可以减少生态风险区对工业园区的制约，做到化工产业与沿海环境协调发展。严格限制高污染、高风险化工产业集聚区周边的空间管制，可设置风险带和管控带，有针对性地提出不同级别管控要求。另外，危险化学品仓储用地、危险化学品的运输及管道敷设、重污染化工业项目用地必须与城乡建

设用地等之间设置足够的安全缓冲区，避免生产生活混合的不合理现象，促进人居环境与产业规划相协调。

10.4.3　合理利用海岸带资源，强化海岸带环境保护

必须十分珍惜和有效利用海岸带生物、岸线、能源、土地、陆地水等宝贵资源，采取有效措施坚决制止自然资源的浪费和破坏，严禁盲目围垦海涂、过度捕捞等损害性活动。强化海岸带环境保护，是实现可持续发展的必然要求，也是应有内容。应当合理调整沿海经济结构与布局，加大对海洋工程、海岸工程的管理力度，严格限制高污染项目在重点海域沿岸的布点，加强对入海口排污总量的控制，建立入海口湿地生态处理系统。加快沿海城镇污水处理工程建设，严格控制陆源污染，降低各类污染物的入海量，改善海水水质。加强近岸海域环境管理，推行排污许可证制度，控制工业、农业、生活和海水养殖污染。

10.4.4　完善海岸带法规体系，规范海岸带行政管理

要加强海洋和海岸带立法工作，不断完善海洋法规体系，为海岸带资源环境管理创造一个良好的法制环境。依据法律法规，健全海洋资源环境保护体系，完善监察制度，规范执法程序，加大海上执法监察力度，从严处理破坏资源、污染环境行为。为了加强海岸带综合管理，江苏省已出台《江苏省滩涂开发利用管理办法》《江苏省海岸带管理条例》。其中，后者自 1991 年 3 月江苏省第七届人民代表大会常务委员会第十九次会议通过后，又得到了进一步修正，并于 1997 年 7 月颁布，但关于海岸带管理的实施办法一直未出台，管理部门未明确。随着人们对海岸带资源开发实践和认识的不断提高，有必要对有关法规进行及时修订和补充，并制订实施细则和管理办法，使其便于操作，特别要落实好执法部门，强化执法力度。

地理信息系统是实现综合性海洋管理的有效手段。利用海岸带管理信息系统进行海平面变化预测、海岸带侵蚀分区，预测预报未来海岸线的变化。建立各类海洋灾害信息库，制定海岸侵蚀减灾计划，提高海洋灾害的预警预报能力。

参 考 文 献

陈诚. 2013. 沿海岸线资源综合适宜性评价研究——以宁波市为例[J]. 资源科学，35（5）：950-957.

陈端吕，董明辉，彭保发，等. 2009. GIS 支持的土地利用适宜性评价[J]. 国土与自然资源研究，（4）：42-44.

陈国南. 1990. 荷兰土地资源的利用与整治[J]. 自然资源，（1）：72-76.

陈宏友，徐国华. 2004. 江苏滩涂围垦开发对环境的影响问题[J]. 水利规划与设计，（1）：18-21.

陈洪全，张华兵. 2011. 江苏盐城沿海滩涂湿地资源开发中生态补偿问题研究[J]. 国土与自然资源研究，（6）：36-37.

陈永文，刘沿德，李天任. 1990. 中国国土资源及区域开发[M]. 上海：上海科学技术出版社.

揣小伟. 2013. 沿海地区土地利用变化的碳效应及土地调控研究——以江苏沿海为例[D]. 南京：南京大学.

邸向红，王周龙，王庆，等. 2011. 土地利用变化对芝罘连岛沙坝附近海岸带的影响[J]. 海洋科学，35（8）：76-82.

丁金海，尹金来，洪立洲，等. 2003. 沿海滩涂大面积养鱼的经济效益分析[J]. 江苏农业科学，（6）：99-100.

丁涛，郑君，韩曾萃. 2009. 钱塘江河口滩涂开发经济效益评估[J]. 水利经济，27（3）：25-29.

董伟，蒋仲安，苏德，等. 2010. 长江上游水源涵养区界定及生态安全影响因素分析[J]. 北京科技大学学报，32（2）：139-144.

冯利华，鲍毅新. 2006. 滩涂围垦区的 PRED 关系——以慈溪市为例[J]. 海洋科学，30（4）：88-91.

高义，苏奋振，孙晓宇，等. 2011. 近 20a 广东省海岛海岸带土地利用变化及驱动力分析[J]. 海洋学报（中文版），33（4）：95-103.

韩磊，侯西勇，朱明明，等. 2010. 20 世纪后半叶美国海岸带区域土地利用变化时空特征分析[J]. 世界地理研究，19（2）：42-52.

何书金，李秀彬，刘盛和. 2002. 环渤海地区滩涂资源特点与开发利用模式[J]. 地理科学进展，21（1）：25-34.

何书金，王仰麟，罗明. 2005.中国典型地区沿海滩涂资源开发[M]. 北京：科学出版社.

侯西勇，徐新良. 2011. 21 世纪初中国海岸带土地利用空间格局特征[J]. 地理研究，30（8）：1370-1379.

胡望舒，王思思，李迪华. 2010. 基于焦点物种的北京市生物保护安全格局规划[J]. 生态学报，30（16）：4266-4276.

贾文泽，田家怡，王秀凤，等. 2003. 黄河三角洲浅海滩涂湿地环境污染对鸟类多样性的影响[J]. 重庆环境科学，25（3）：10-12.

金建君，巩彩兰，恽才兴.2001. 海岸带可持续发展及其指标体系研究——以辽宁省海岸带部分城市为例[J]. 海洋通报，20（1）：61-66.

冷疏影，宋长青，吕克解，等.2001. 地理学学科15年发展回顾与展望[J]. 地球科学进展，16（6）：845-851.

李加林.2004. 杭州湾南岸滨海平原土地利用/覆被变化研究[D]. 南京：南京师范大学.

梁修存，丁登山.2002. 国外海洋与海岸带旅游研究进展[J]. 自然资源学报，17（6）：783-791.

廖兵，魏康霞，宋巍巍.2012. DMSP/OLS夜间灯光数据在城镇体系空间格局研究中的应用与评价——以近16年江西省间城镇空间格局为例[J]. 长江流域资源与环境，21（11）：1295-1300.

廖继武，周永章，蒋勇.2012. 海洋对海岸带土地利用变化的影响[J]. 经济地理，32（9）：138-142.

吝涛，薛雄志，林剑艺.2009. 海岸带生态安全响应力评估与案例分析[J]. 海洋环境科学，28（5）：578-583.

刘国霞.2012. 基于GIS的有居民海岛土地利用适宜性和开发强度评价研究[D]. 呼和浩特：内蒙古师范大学.

刘国霞，张杰，马毅，等.2012. 2008年海陵岛土地利用类型适宜性评价[J]. 海洋学研究，30（1）：82-94.

刘宏娟，郑丙辉，胡远满，等.2006. 基于TM的渤海海岸带1988～2000年生态环境变化[J]. 生态学杂志，25（7）：789-794.

刘纪远，布和敖斯尔.2000. 中国土地利用变化现代过程时空特征的研究——基于卫星遥感数据[J]. 第四纪研究，（3）：229-239.

刘伟，刘百桥.2008. 我国围填海现状、问题及调控对策[J]. 广州环境科学，23（2）：26-30.

刘孝富，舒俭民，张林波.2010. 最小累积阻力模型在城市土地生态适宜性评价中的应用——以厦门为例[J]. 生态学报，30（2）：421-428.

刘艳芬，张杰，马毅，等.2010. 融合地学知识的海岸带遥感图像土地利用/覆被分类研究[J]. 海洋科学进展，28（2）：193-202.

刘洋，吕建树，吴泉源.2010. 山东省烟台市土地可持续利用评价研究[J]. 国土资源科技管理，27（1）：39-43.

刘瑶，金永平，周安国.2006. 浙江省滩涂围垦生态环境可持续性发展的评价指标及策略初探[J]. 海洋学研究，24（B07）：73-82.

路晓，吴莉，应兰兰，等.2011. 山东半岛海岸带区域土地利用变化空间格局特征[J]. 国土与自然资源研究，（5）：23-26.

马荣华，杨桂山.2004. 长江岸线与岛屿演化的空间分形研究——以江苏段为例[J]. 长江流域资源与环境，13（6）：541-545.

马晓冬，马荣华，徐建刚.2004. 基于ESDA-GIS的城镇群体空间结构[J]. 地理学报，59（6）：1048-1057.

马晓冬，朱传耿，马荣华，等.2008. 苏州地区城镇扩展的空间格局及其演化分析[J]. 地理学报，63（4）：405-416.

孟尔君，唐伯平.2010. 江苏沿海滩涂资源及其发展战略研究[M]. 南京：东南大学出版社.

苗丽娟，王玉广，张永华，等.2006. 海洋生态环境承载力评价指标体系研究[J]. 海洋环境科学，25（3）：75-77.

欧维新，杨桂山，李恒鹏，等.2004. 苏北盐城海岸带景观格局时空变化及驱动力分析[J]. 地理科学，24（5）：610-615.

彭建，王仰麟，景娟，等.2003. 中国东部沿海滩涂资源不同空间尺度下的生态开发模式[J]. 地理科学进展，22（5）：515-523.

彭建，王仰麟，张源，等.2004. 滇西北生态脆弱区土地利用变化及其生态效应——以云南省永胜县为例[J]. 地理学报，59（4）：629-638.

彭建，王仰麟.2000. 我国沿海滩涂的研究[J]. 北京大学学报（自然科学版），36（6）：832-839.

曲丽梅，王玉广，丛丕福，等.2008. 河北省海岸带生态环境效应评价指标选择研究[J]. 海洋环境科学，27（z2）：41-44.

孙伟，陈诚.2013. 海岸带的空间功能分区与管制方法——以宁波市为例[J]. 地理研究，32（10）：1878-1889.

孙晓宇.2008. 海岸带土地开发利用强度分析——以粤东海岸带为例[D]. 北京：中国科学院地理科学与资源研究所.

孙晓宇，苏奋振，周成虎，等.2011. 基于底质条件的广东东部海岸带土地利用适宜度评价[J]. 海洋学报（中文版），33（5）：169-176.

唐秀美，陈百明，路庆斌，等.2009. 栅格数据支持下的耕地适宜性评价研究——以山东省章丘市为例[J]. 资源科学，31（12）：2164-2171.

瓦勒格.2007. 海洋可持续管理：地理学视角[M]. 张耀光，孙才志，译. 北京：海洋出版社.

万峻，李子成，雷坤.2009. 1954—2000 年渤海湾典型海岸带（天津段）景观空间格局动态变化分析[J]. 环境科学研究，22（1）：77-82.

王芳，朱跃华.2009. 江苏省沿海滩涂资源开发模式及其适宜性评价[J]. 资源科学，31（4）：619-628.

王刚，王印红.2012. 中国沿海滩涂的环境管理体制及其改革[J]. 中国人口·资源与环境，22（12）：13-18.

王灵敏，曾金年.2006. 浙江省滩涂围垦与区域经济的可持续发展[J]. 海洋学研究，24（z1）：13-19.

王秋兵，郑刘平，边振兴，等.2012. 沈北新区潜在土地利用冲突识别及其应用[J]. 农业工程学报，28（15）：185-192.

王益澄，徐永健，韦玮.2005. 浙北沿海滩涂可持续利用研究与对策[J]. 海洋科学，29（11）：44-47.

王玉广，吴桑云，苗丽娟，等.2006. 海岸带开发活动的环境效应评价方法和指标体系初探[J]. 海岸工程，25（4）：63-70.

王增.2011. 区域土地生态系统安全评价[D]. 北京：中国地质大学（北京）.

魏有兴，王震，张长宽.2010. 沿海滩涂开发研究综述[J]. 水利水电科技进展，30（5）：85-89.

吴泉源，侯志华，逄杰武，等.2007. 龙口市 20 年间海岸带变化的遥感监测[J]. 地球信息科学，9（2）：106-112.

吴泉源，侯志华，于竹洲，等.2006. 龙口市海岸带土地利用动态变化分析[J]. 地理研究，25（5）：921-929.

项立辉，刘健，孔祥淮，等.2010. 江苏沿海地区地形地貌资源的开发与利用[J]. 海洋地质动态，26（9）：39-42.

肖长江.2015. 基于生态位的区域建设用地空间配置研究[D]. 南京：南京农业大学.

谢高地，鲁春霞，冷允法，等. 2003. 青藏高原生态资产的价值评估[J]. 自然资源学报，18（2）：189-196.

熊永柱. 2010. 海岸带可持续发展研究评述[J]. 海洋地质动态，26（2）：13-18.

徐承祥. 2006. "生态围垦"的前景及发展思路[J]. 海洋学研究，24（z1）：1-5.

薛雄志，吝涛，曹晓海. 2004. 海岸带生态安全指标体系研究[J]. 厦门大学学报（自然科学版），43（z1）：179-183.

杨宝国，王颖，朱大奎. 1997. 中国的海洋海涂资源[J]. 自然资源学报，12（4）：307-316.

杨竞寸. 1995. 沿海滩涂开发与小城镇建设[J]. 海洋开发与管理，12（2）：5-7.

尧德明，陈玉福，张富刚，等. 2008. 海南省土地开发强度评价研究[J]. 河北农业科学，12（1）：86-87.

于海霞，徐礼强，陈晓宏，等. 2011. 城市水域生态系统的调控机理及评估模型[J]. 自然资源学报，26（10）：1707-1714.

于永海，王延章，张永华，等. 2011. 围填海适宜性评估方法研究[J]. 海洋通报，30（1）：81-87.

俞孔坚. 1999. 生物保护的景观生态安全格局[J]. 生态学报，19（1）：10-17.

张安定，李德一，王大鹏，等. 2007. 山东半岛北部海岸带土地利用变化与驱动力——以龙口市为例[J]. 经济地理，27（6）：1007-1010.

张海林，赵燕，吴泉源，等. 2005. 基于 RS、GIS 的龙口市土地利用动态变化分析[J]. 山东师范大学学报（自然科学版），20（4）：62-64.

张天印，宋全夫，张守林. 1979. 灰喜鹊的生态观察[J]. 动物学杂志，（4）：27-30.

张文柯. 2009. 西安市土地生态安全评价研究[D]. 西安：西北大学.

张振克，谢丽，张凌华，等. 2013. 欧洲瓦登海开发对江苏沿海大开发的启示[J]. 海洋开发与管理，30（1）：26-31.

郑培迎. 1996. 开发滩涂切莫"贪图"——浅海滩涂开发中存在的问题与对策[J]. 海洋开发与管理，（3）：76-80.

周炳中，包浩生，彭补拙. 2000. 长江三角洲地区土地资源开发强度评价研究[J]. 地理科学，20（3）：218-223.

Anselin L. 2010. Local indicators of spatial association—LISA[J]. Geographical Analysis，27（2）：93-115.

Bettina M. 2006. Socio-Economic and environmental impact assessment of Haida Gwaii/Queen charlotte islands land use viewpoints[R]. Commissioned by the Integrated Land Management Bureau，Coast Region Ministry of Agriculture and Lands.

Borja A. 2005. The European water framework directive：A challenge for nearshore，coastal and continental shelf research[J]. Continental Shelf Research，25（14）：1768-1783.

Borja A，Bricker S B，Dauer D M，et al. 2008. Overview of integrative tools and methods in assessing ecological integrity in estuarine and coastal systems worldwide[J]. Marine Pollution Bulletin，56（9）：1519-1537.

Brooker L. 2002. The application of focal species knowledge to landscape design in agricultural lands using the ecological neighbourhood as a template[J]. Landscape and Urban Planning，60（4）：185-210.

Couper A. 1983. The Times Atlas of the Oceans[M]. New York：Van Nostrand Reinhold.

Dean R G，Chen R，Browder A E. 1997. Full scale monitoring study of a submerged breakwater，Palm Beach，Florida，USA[J]. Coastal Engineering，29（3）：291-315.

Henrik S，Robin B，Frank S. 2009. Strategic environmental assessment for the coastal areas of the Karas and Hardap regions[J]. Water Environmental Health：18-19.

Holland K T，Vinzon S B，Calliari L J. 2009. A field study of coastal dynamics on a muddy coast offshore of Cassino beach，Brazil[J]. Continental Shelf Research，29（3）：503-514.

Hoque M A，Asano T. 2007. Numerical study on wave-induced filtration flow across the beach face and its effects on swash zone sediment transport[J]. Ocean Engineering，34（14-15）：2033-2044.

Klein M，Zviely D. 2001. The environmental impact of marina development on adjacent beaches：A case study of the Herzliya marina，Israel[J]. Applied Geography，21（2）：145-156.

Lambeck R J. 1997. Focal species：A multi-species umbrella for nature conservation：Especies focales：Una Sombrilla Multiespecífica para Conservar la Naturaleza[J]. Conservation Biology，11（4）：849-856.

Lechterbeck J，Kalis A J，Meurers-Balke J. 2009. Evaluation of prehistoric land use intensity in the Rhenish Loessboerde by canonical correspondence analysis—A contribution to LUCIFS-ScienceDirect[J]. Geomorphology，108（1）：138-144.

Liu Z J. 2005. Geographic information analysis[J]. The Professional Geographer，57（4）：624-626.

McCreary S T，Sorensen J C. 1990. Institutional arrangements for managing coastal resources and environments[J]. Journal of Economic Theory，61（2）：189-205.

Meulé S，Pinazo C，Degiovanni C，et al. 2001. Numerical study of sedimentary impact of a storm on a sand beach simulated by hydrodynamic and sedimentary models[J]. Oceanologica Acta，24（5）：417-424.

Parsons S. 2005. Ecosystem considerations in fisheries management：Theory and practice[J]. International Journal of Marine and Coastal Law，20（3-4）：381-422.

Phillips M R，House C. 2009. An evaluation of priorities for beach tourism：Case studies from South Wales，UK[J]. Tourism Management，30（2）：176-183.

Ranasinghe R，Symonds G，Black K，et al. 2004. Morphodynamics of intermediate beaches：A video imaging and numerical modelling study[J]. Coastal Engineering，51（7）：629-655.

Rathbone P A，Livingstone D J，Calder M M. 1998. Surveys monitoring the sea and beaches in the vicinity of Durban，South Africa：A case study[J]. Water Science and Technology，38（12）：163-170.

Sester M. 2000. Knowledge acquisition for the automatic interpretation of spatial data[J]. International Journal of Geographical Information Systems，14（1）：1-24.

United Nations Environment Programme. 1995. Guidelines for integrated management of coastal and marine area-with special reference to the Mediterranean Basin[R]. UNEP Regional Seas Reports and Studies NO.161.

Vallega A. 1992. The Ocean after christopher columbus—thoughts about society and the marine environment[J]. GeoJournal，26（4）：521-528.